# SPDA

## SISTEMAS DE PROTEÇÃO CONTRA DESCARGAS ATMOSFÉRICAS

### Teoria, Prática e Legislação

2ª edição

ANDRÉ NUNES DE SOUZA • JOSÉ EDUARDO RODRIGUES
REINALDO BORELLI • BENJAMIM FERREIRA DE BARROS

érica

Av. Paulista, 901, 4º andar
Bela Vista – São Paulo – SP – CEP: 01311-100

**SAC** Dúvidas referentes a conteúdo editorial, material de apoio e reclamações:
**sac.sets@saraivaeducacao.com.br**

| | |
|---|---|
| **Direção executiva** | Flávia Alves Bravin |
| **Direção editorial** | Renata Pascual Müller |
| **Gerência editorial** | Rita de Cássia S. Puoço |
| **Editora de aquisições** | Rosana Ap. Alves dos Santos |
| **Editoras** | Paula Hercy Cardoso Craveiro |
| | Silvia Campos Ferreira |
| **Produtor editorial** | Laudemir Marinho dos Santos |
| **Serviços editoriais** | Breno Lopes de Souza |
| | Josiane de Araujo Rodrigues |
| | Kelli Priscila Pinto |
| | Laura Paraíso Buldrini Filogônio |
| | Marília Cordeiro |
| | Mônica Gonçalves Dias |

| | |
|---|---|
| **Preparação** | Halime Musser |
| **Revisão** | Paula Cardoso |
| **Diagramação** | Villa d'Artes Soluções Gráficas |
| **Impressão e acabamento** | Gráfica Elyon |

**DADOS INTERNACIONAIS DE CATALOGAÇÃO NA PUBLICAÇÃO (CIP)**
**ANGÉLICA ILACQUA CRB-8/7057**

SPDA : sistemas de proteção contra descargas atmosféricas: teoria, prática e legislação / André Nunes de Souza...[et al]. – 2. ed. – São Paulo : Érica, 2020.
216 p.

Outros autores: José Eduardo Rodrigues, Reinaldo Borelli, Benjamim Ferreira de Barros

Bibliografia
ISBN 978-85-365-3293-6

1. Aterramentos 2. Descargas elétricas 3. Descargas elétricas - Proteção 4. Eletricidade atmosférica 5. Raios - Proteção 6. SPDA - Sistemas de proteção contra descargas atmosféricas I. Souza, André Nunes de II. Rodrigues, José Eduardo III. Borelli, Reinaldo IV. Barros, Benjamim Ferreira de

20-1527 CDD 621.317
CDU 621.316.91

Índice para catálogo sistemático:
1. Sistemas de proteção contra descargas atmosféricas : Engenharia

Copyright ©
2020 Saraiva Educação
Todos os direitos reservados.

2ª edição
5ª tiragem, 2023

Nenhuma parte desta publicação poderá ser reproduzida por qualquer meio ou forma sem a prévia autorização da Saraiva Educação. A violação dos direitos autorais é crime estabelecido na Lei n. 9.610/98 e punido pelo art. 184 do Código Penal.

CO 690370 CL 642526 CAE 726593

# Dedicatória

À minha esposa Maria Goretti (in memoriam) e aos meus filhos Pedro André e Antônio André, pela força, pelo carinho e pelo apoio em todos os momentos.

Aos amigos sempre presentes: Francisco Burani, Danilo Gastaldello, Karila Martins, Pedro da Costa Jr., João Papa, Caio Oba e José Eduardo.

Às tias mais queridas que eu tive, Maria e Dezinha (*in memoriam*), pois ajudaram em minha formação e educação.

Aos meus alunos da Unesp-Bauru, fontes inspiradoras e motivadoras para a melhora contínua do meu aprendizado sobre a vida.

**André Nunes de Souza**

À minha esposa Áurea Prates Rodrigues, que muito contribuiu com carinho e compreensão para que este trabalho pudesse ser concluído.

Aos meus pais Frederico Rodrigues Oliver e Antonia Gomes Rodrigues, que contribuíram com fundamentos e valores aplicados na minha formação.

À minha família, sempre presente e importante na minha vida, completando os sucessos e a felicidade.

Aos amigos, alunos e professores da Unip e do Senai que motivaram a elaboração deste trabalho.

**José Eduardo Rodrigues**

Aos meus queridos pais Renzo Borelli e Rosa Demitrov Borelli (*in memoriam*) pelo modo como contribuíram para minha educação e minha formação.

À minha esposa Marta e aos meus filhos Fabrízio e Victor, pela paciência e pelo incentivo.

**Reinaldo Borelli**

Aos meus pais, Meximiano Ferreira de Barros (*in memoriam*) e Eunice Gomes de Barros (*in memoriam*), que contribuíram para a minha formação.

À minha esposa Lucia Veloso de Barros, aos nossos filhos Leandro Veloso de Barros e Lucyene Veloso de Barros, e aos netos, que sempre estiveram presentes apoiando, mesmo durante os momentos de ausência dedicados à elaboração do livro.

**Benjamim Ferreira de Barros**

# Agradecimentos

A Deus, por minha vida, e aos meus pais, Antônio Nunes e Marina Lima (*in memoriam*), que me deram tudo o que eu precisei nesta vida: amor e liberdade.

*"Quanto mais nos elevamos,*
*menores parecemos aos olhos que não sabem voar."*

*Friedrich Nietzsche*

**André Nunes de Souza**

A Deus, por ter me guiado, possibilitando minha formação, vitória profissional e por ter colocado pessoas especiais em minha vida, que contribuíram direta e/ou indiretamente para a realização de mais este trabalho.

Aos amigos e alunos que, com indagações e contribuições, levaram-me a pesquisar e explorar mais cuidadosamente o assunto.

*"Entrega o teu caminho ao Senhor;*
*confia nele, e o mais Ele fará.*

*E Ele fará sobressair a tua justiça como a luz,*
*e o teu juízo como o meio-dia."*

*Salmos 37:5-6*

**José Eduardo Rodrigues**

A Deus, pelas oportunidades colocadas em nosso caminho.

Aos participantes dos treinamentos que ministramos, cujos questionamentos proporcionam a oportunidade de enriquecer e aprimorar nossos conhecimentos.

Às escolas do sistema Senai, que incentivaram a elaboração deste livro.

**Reinaldo Borelli**

A Deus, pelas oportunidades colocadas em nosso caminho.

Aos participantes de nossos treinamentos, que, com seus questionamentos, nos deram a oportunidade de aprimorar nossos conhecimentos.

Às escolas do sistema Senai, pelo incentivo a este trabalho.

Ao professor Wagner Magalhães, coordenador técnico do Senai, e a Jorge Mahfuz, pelo incentivo na elaboração deste livro.

À Irene Bueno e ao engenheiro eletricista César Antônio Xavier, pela contribuição na conclusão desta obra.

**Benjamim Ferreira de Barros**

# Sobre os Autores

**André Nunes de Souza** é graduado em Engenharia Elétrica pela Universidade Presbiteriana Mackenzie, com mestrado e doutorado em Engenharia Elétrica pela Escola Politécnica da Universidade de São Paulo (EPUSP). Trabalhou no Instituto de Eletrotécnica e Energia da USP nos Laboratórios de Alta Tensão e Altas Correntes. Atualmente, é professor Livre-Docente III na Universidade Estadual Paulista Júlio de Mesquita Filho (Unesp). Atua na área de Sistemas de Potência e Técnicas Inteligentes, Descargas Atmosféricas e Eficiência Energética.

**José Eduardo Rodrigues** é graduado em Sistemas de Informações e especialista em Administração de Empresas pela Universidade Sant'Anna, mestre em Engenharia Elétrica pela EPUSP, com MBA em Economia Empresarial pela Fundação Instituto de Pesquisas Econômicas (FIPE/USP). Foi docente na Universidade Sant'Anna nas cadeiras de Informática e Administração e é docente adjunto na cadeira de Engenharia Elétrica da Universidade Paulista (Unip). É autor do livro *NR-33 – Guia Prático de Análise e Aplicações – Norma Regulamentadora de Segurança em Espaços Confinados*, publicado pela Editora Érica. Ministra treinamentos em cursos sobre as Normas Regulamentadoras do Ministério do Trabalho e Subestações Primárias. Teólogo pela Pontifícia Universidade Católica de São Paulo, PUC-SP. Atualmente, é membro do grupo de pesquisa Religião e Política no Brasil Contemporâneo pela Pontifícia Universidade Católica de São Paulo (PUC-SP). Atualmente, é membro do grupo de pesquisa Religião e Política no Brasil Contemporâneo pela Pontifícia Universidade Católica de São Paulo (PUC-SP).

**Reinaldo Borelli** é engenheiro eletricista formado pela Universidade de Mogi das Cruzes (UMC), com MBA em Administração para Engenheiros do Instituto Mauá de Tecnologia. Atua nas áreas de gerenciamento de energia, projeto, manutenção preventiva e corretiva de instalações elétricas em baixa e média tensão.

**Benjamim Ferreira de Barros** (*in memoriam*) foi técnico eletricista com experiência na área elétrica. Atuou em empresas de distribuição e transmissão de energia elétrica, na área de manutenção de subestações. Exerceu a direção das empresas L&B Capacitação e Treinamento e L&B Energia, prestando serviços de assessoria técnica e segurança do trabalho, desenvolvendo projeto, manutenção e construção de subestações. Foi instrutor do Senai nos cursos de Cabine Primária, Sistema Elétrico de Potência (SEP), NR-10, Eficiência Energética, entre outros.

# Apresentação

Com o objetivo de contemplar as necessidades dos profissionais que atuam nas áreas de manutenção, projeto e execução de instalações elétricas, este livro reúne capítulos específicos que envolvem o tema Sistemas de Proteção contra Descargas Atmosféricas (SPDA), de acordo com a NBR 5419:2015.

A abordagem é objetiva e clara, e apresenta os conceitos teóricos, práticos e legais necessários à elaboração adequada do projeto de SPDA.

O Capítulo 1 faz uma contextualização geral do tema, enquanto o Capítulo 2 mostra a evolução dos estudos de descargas atmosféricas e a sua origem. O Capítulo 3 dedica-se à apresentação das partes integrantes da atual NBR 5419, abordando os respectivos conteúdos.

O Capítulo 4 expõe os riscos e os componentes de risco; já o Capítulo 5 trata da metodologia de cálculo para avaliação da probabilidade de uma descarga atmosférica provocar danos. O Capítulo 6 apresenta a análise da quantidade de perda decorrente da descarga atmosférica. No Capítulo 7 encontram-se diversos conceitos, a continuidade elétrica da ferragem estrutural das edificações, a descrição dos métodos de proteção e os componentes dos subsistemas de captação, descida e aterramento considerando os materiais e dimensões. O Capítulo 8 descreve os conceitos de equipotencialização, enquanto o Capítulo 9 descreve as sugestões da norma para proteção contra tensão de toque e de passo.

No Capítulo 10 são apresentadas as definições sobre zonas de proteção (ZPR) e os conceitos legais estão no Capítulo 11, incluindo normas, decretos, leis e as responsabilidades das pessoas que trabalham com SPDA. O Capítulo 12 aborda a metodologia para estratificação do solo segundo a NBR 7117, incluindo um exemplo de estratificação do solo empregando o método de Wenner.

Considerando a diversidade de tarefas relacionadas ao tema, são abordados, também, conceitos de proteção contra descargas atmosféricas em entradas primárias e os esquemas de aterramento padronizados para instalações elétricas de baixa e média tensão nos Capítulos 13 e 14, respectivamente.

Esta obra apresenta, ainda, a metodologia empregada para a medição de continuidade elétrica em armaduras metálicas e um exemplo de cálculo de análise de risco segundo a NBR 5419.

O livro foi atualizado com as principais mudanças no SPDA, os níveis de proteção do SPDA, os métodos de proteção de estruturas e os principais componentes de um SPDA decorrentes da revisão da NBR 5419, em 2015.

Todo texto foi elaborado por profissionais com experiência em diversas áreas do setor elétrico e traz subsídios para o entendimento do tema, sem a pretensão de esgotar o assunto.

Com linguagem didática e objetiva, é indicado a estudantes e profissionais do ramo.

# Prefácio da primeira edição

Este livro traz um tema bastante interessante, com linguagem de fácil entendimento, sendo indicado a engenheiros, projetistas e técnicos que trabalham com Sistemas de Proteção contra Descargas Atmosféricas (SPDA).

Apresenta as motivações e a importância do SPDA, pois o Brasil é um dos países com maior incidência de raios do mundo. A mitologia dos raios é abordada para responder a algumas crenças sobre os raios desde a era dos astecas.

Os detalhes referentes aos projetos técnicos são indicados de maneira fácil e os aspectos legais são enfatizados para entendimento global.

Esclarecendo mitos e verdades sobre raios, as dúvidas mais comuns e as perguntas mais frequentes, este livro fornece ao leitor uma dimensão mais fiel do que é real ou não com relação aos raios.

Ao demonstrar a vasta experiência dos autores ao apresentar os aspectos teóricos e práticos, incluindo a legislação envolvida, o livro instiga os profissionais da área.

Boa leitura!

**Geraldo Francisco Burani**

*Professor da Escola Politécnica da USP*

# Prefácio da segunda edição

Com a publicação da nova edição da **ABNT NBR 5419 – Proteção contra descargas atmosféricas** em 2015, é nosso dever atualizar os capítulos associados, com o objetivo de também atualizar estudantes e profissionais que realizam projetos, manutenção e instalação de sistemas de proteção contra descargas atmosféricas.

Além das inserções de material técnico, foram realizadas complementações no conteúdo deste livro, resultando em uma profunda revisão. O objetivo foi adequá-lo às novas exigências do documento normativo e, para isso, utilizamos uma linguagem acessível, sempre de acordo com fundamentos e conceitos teóricos.

Esperamos que o livro possa contribuir para a formação de engenheiros, técnicos e estudantes, bem como no assessoramento dos profissionais que atuam na área.

Com satisfação, apresentamos esta publicação ao leitor.

***Os autores***

# Homenagem ao Professor Benjamin

Há pessoas que, pela importância da obra que realizam, transcendem o tempo de vida. Esse é o caso do professor Benjamim Ferreira de Barros, cujo falecimento prematuro nos leva a refletir sobre a vida.

Há também pessoas que acompanham o desenrolar dos fatos cotidianos como espectadores, enquanto outras definem os caminhos que orientam o curso da História. O amigo Benjamim pertenceu a esse segundo grupo, ao grupo privilegiado dos que seguem à frente de seu tempo.

Falar sobre o professor Benjamim é referir-se a um homem de caráter inabalável, de persistência imensurável e de uma paciência inesgotável. Entretanto, a frágil característica da natureza humana nos privou prematuramente do convívio desse ser humano muito especial, que nos deixou como seu maior legado a luta incansável para divulgar conhecimento técnico e práticas de segurança do trabalho para o segmento de eletricidade.

Tanto é verdade que suas iniciativas, além de abrilhantar seu próprio nome, contribuíram para projetar e oferecer oportunidades a diversos profissionais.

Pudemos trabalhar com o Benjamim ministrando cursos de formação continuada nas áreas de manutenção de subestações, segurança em instalações e serviços com eletricidade, e empunhando ferramentas e equipamentos de ensaio e medição em várias instalações elétricas.

Ministrar aulas era realmente a sua paixão. Ele dedicou grande parte de sua vida com o propósito de transmitir conhecimento, o que fazia com muita dedicação e afinco. O objetivo de ensinar está eternizado nas diversas obras literárias das quais ele participou e fica como um de seus legados para a sociedade.

Nesta homenagem que prestamos ao saudoso amigo, partilhamos a tristeza e a dor da família que perdeu não só o marido, mas também o pai e o avô presentes na formação do caráter e dos valores familiares.

Somos gratos a ele por ter sabido identificar prioridades no meio das múltiplas ações que se faziam necessárias sempre que chamado a tomar decisões, e por ter tido a coragem de rever suas posições e repensar suas ideias quando o curso dos acontecimentos apontava para novos horizontes.

Nossa mais sincera homenagem, do fundo do coração, ao amigo, mentor e conselheiro que não viveu para ver concluída a revisão deste livro.

***Os autores***

# Lista de Termos, Definições e Abreviaturas

| | |
|---|---|
| ABNT | Associação Brasileira de Normas Técnicas |
| AT | Alta Tensão |
| BEL | Barramento de Equipotencialização Local |
| BEP | Barramento de Equipotencialização Principal |
| BT | Baixa Tensão |
| CNEN | Comissão Nacional de Energia Nuclear |
| Coordenação de DPS | DPS adequadamente selecionados, coordenados e instalados para formar um conjunto que visa reduzir as falhas dos sistemas internos |
| DPS | Dispositivo de Proteção contra Surtos: dispositivo destinado a limitar as sobretensões e desviar correntes de surto |
| ELAT | Grupo de Eletricidade Atmosférica |
| EMI | *Electro Magnetic Interference* (Interferência Eletromagnética) |
| Equipotencialização | Conjunto de medidas que visa à redução das tensões nas instalações causadas pelas descargas atmosféricas a níveis suportáveis para essas instalações e equipamentos por ela servidos, além de reduzir os riscos de choque elétrico |
| IEC | *International Eletrotechnical Commission* (Comissão Eletrotécnica Internacional) |
| INPE | Instituto Nacional de Pesquisas Espaciais |
| LEMP | Pulso eletromagnético devido a descargas atmosféricas: todos os efeitos eletromagnéticos causados pela corrente das descargas atmosféricas por meio de acoplamento resistivo, indutivo e capacitivo, que criam surtos e campos eletromagnéticos radiados |
| MPS | Medidas de Proteção contra Surtos |
| NBR | Referência à ABNT |
| Nível de proteção contra descargas atmosféricas NP | Número associado a um conjunto de parâmetros da corrente de descarga atmosférica para garantir que os valores especificados em projeto não estejam superdimensionados ou subdimensionados, quando houver ocorrência de uma descarga atmosférica |
| PDA | Proteção contra descargas atmosféricas: sistema completo para proteção de estruturas contra descaras atmosféricas, incluindo seus sistemas internos e conteúdo, assim como as pessoas, em geral consistindo em um SPDA e MPS |
| RINDAT | Rede Integrada Nacional de Detecção de Descargas Atmosféricas |
| Sistema de aterramento | Sistema completo que combina o subsistema externo de aterramento e o sistema de equipotencialização |
| Sistema elétrico | Sistema que incorpora componentes de alimentação em baixa tensão |

▶▶

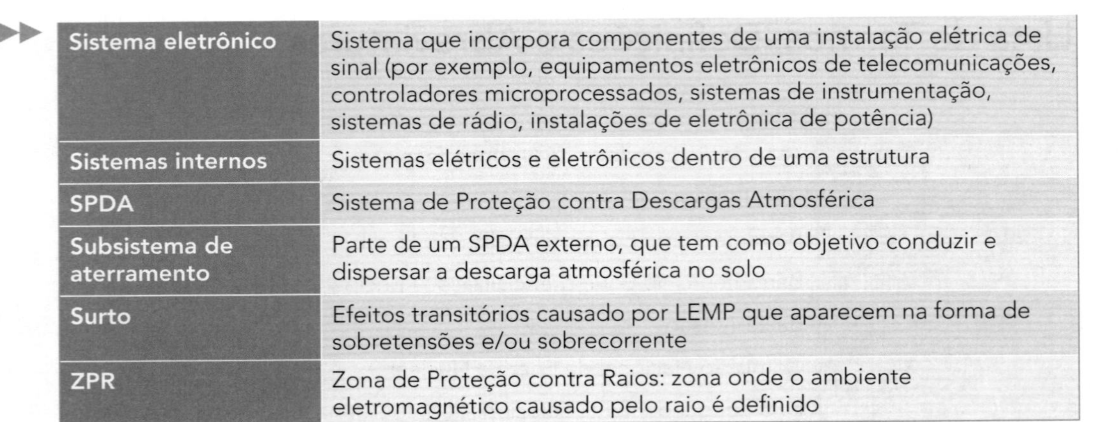

| | |
|---|---|
| Sistema eletrônico | Sistema que incorpora componentes de uma instalação elétrica de sinal (por exemplo, equipamentos eletrônicos de telecomunicações, controladores microprocessados, sistemas de instrumentação, sistemas de rádio, instalações de eletrônica de potência) |
| Sistemas internos | Sistemas elétricos e eletrônicos dentro de uma estrutura |
| SPDA | Sistema de Proteção contra Descargas Atmosférica |
| Subsistema de aterramento | Parte de um SPDA externo, que tem como objetivo conduzir e dispersar a descarga atmosférica no solo |
| Surto | Efeitos transitórios causado por LEMP que aparecem na forma de sobretensões e/ou sobrecorrente |
| ZPR | Zona de Proteção contra Raios: zona onde o ambiente eletromagnético causado pelo raio é definido |

# Lista de Siglas

| | |
|---|---|
| $A_D$ | Área de exposição equivalente para descargas atmosféricas a uma estrutura isolada |
| $A_{DJ}$ | Área de exposição equivalente para descargas atmosféricas a uma estrutura adjacente |
| $A_I$ | Área de exposição equivalente para descargas atmosféricas perto de uma linha |
| $A_L$ | Área de exposição equivalente para descargas atmosféricas em uma linha |
| $A_M$ | Área de exposição equivalente para descargas atmosféricas perto de uma estrutura |
| $C_D$ | Fator de localização |
| $C_{DJ}$ | Fator de localização de uma estrutura adjacente |
| $C_E$ | Fator ambiental |
| $C_I$ | Fator de instalação de uma linha |
| $C_{LD}$ | Fator dependente da blindagem, aterramento e condições de isolação da linha para descargas atmosféricas na linha |
| $C_{LI}$ | Fator dependente da blindagem, aterramento e condições de isolação da linha para descargas atmosféricas perto da linha |
| $C_T$ | Fator de tipo de linha para um transformador AT/BT na linha |
| D1 | Ferimentos a seres vivos por choque elétrico |
| D2 | Danos físicos |
| D3 | Falhas de sistemas eletroeletrônicos |
| $h_z$ | Fator de aumento de perda quando um perigo especial está presente |
| $K_{MS}$ | Fator relevante ao desempenho das medidas de proteção contra LEMP |
| $K_{S1}$ | Fator relevante à efetividade da blindagem por malha de uma estrutura |
| $K_{S2}$ | Fator relevante à efetividade da blindagem por malha dos campos internos de uma estrutura |
| $K_{S3}$ | Fator relevante às características do cabeamento interno |
| $K_{S4}$ | Fator relevante à tensão suportável de impulso de um sistema |
| L | Comprimento da estrutura |
| L1 | Perda de vida humana |
| L2 | Perda de serviço ao público |
| L3 | Perda de patrimônio cultural |

| | |
|---|---|
| L4 | Perda de valor econômico |
| $L_A$ | Perda relacionada aos ferimentos a seres vivos por choque elétrico (descargas atmosféricas à estrutura) |
| $L_B$ | Perda em uma estrutura relacionada a danos físicos (descargas atmosféricas à estrutura) |
| $L_C$ | Perda relacionada à falha dos sistemas internos (descargas atmosféricas à estrutura) |
| LEMP | *Lightning Electromagnetic Impulse* (Pulso Eletromagnético Devido às Descargas Atmosféricas) |
| $L_F$ | Perda em uma estrutura devido a danos físicos |
| $L_L$ | Comprimento de uma seção da linha |
| LLS | *Lightning Location Systems* (Sistema de Localização de Raios) |
| $L_M$ | Perda relacionada à falha de sistemas internos (descargas atmosféricas perto da estrutura) |
| $L_O$ | Perda em uma estrutura devido à falha de sistemas internos |
| $L_T$ | Perda devido a ferimentos por choque elétrico |
| $L_U$ | Perda relacionada a ferimentos de seres vivos por choque elétrico (descargas atmosféricas na linha) |
| $L_V$ | Perda em uma estrutura devido a danos físicos (descargas atmosféricas na linha) |
| $L_W$ | Perda devido à falha de sistemas internos (descargas atmosféricas na linha) |
| $L_X$ | Perda consequente a danos relevantes à estrutura |
| $L_Z$ | Perda relacionada à falha de sistemas internos (descargas atmosféricas perto da linha) |
| $N_D$ | Número de eventos perigosos devido às descargas atmosféricas em uma estrutura |
| $N_{DJ}$ | Número de eventos perigosos devido às descargas atmosféricas em uma estrutura adjacente |
| $N_G$ | Densidade de descargas atmosféricas para a terra |
| $N_I$ | Número de eventos perigosos devido às descargas atmosféricas perto de uma linha |
| $N_L$ | Número de eventos perigosos devido às descargas atmosféricas a uma linha |
| $N_M$ | Número de eventos perigosos devido às descargas atmosféricas perto de uma estrutura |
| $n_t$ | Número total de pessoas (ou usuários atendidos) esperado |
| $N_X$ | Número de eventos perigosos por ano |
| $n_z$ | Número de possíveis pessoas em perigo (vítimas ou usuários não servidos) |
| $P_A$ | Probabilidade de ferimentos de seres vivos por choque elétrico (descargas atmosféricas à estrutura) |

| | |
|---|---|
| $P_B$ | Probabilidade de danos físicos à estrutura (descargas atmosféricas à estrutura) |
| $P_C$ | Probabilidade de falha de sistemas internos (descargas atmosféricas à estrutura) |
| $P_{EB}$ | Probabilidade de reduzir $P_U$ e $P_V$ dependendo das características da linha e da tensão suportável do equipamento quando EB (ligação equipotencial) é instalada |
| $P_{LD}$ | Probabilidade de reduzir $P_U$, $P_V$ e $P_W$ dependendo das características da linha e da tensão suportável do equipamento (descargas atmosféricas na linha conectada) |
| $P_{LI}$ | Probabilidade de reduzir $P_Z$ dependendo das características da linha e da tensão suportável do equipamento (descargas atmosféricas perto da linha conectada) |
| $P_M$ | Probabilidade de falha de sistemas internos (descargas atmosféricas perto da estrutura) |
| $P_{MSI}$ | Probabilidade de reduzir $P_M$ dependendo da blindagem, cabeamento e da tensão suportável do equipamento |
| $P_{SPD}$ | Probabilidade de reduzir $P_C$, $P_M$, $P_W$ e $P_Z$ quando um sistema coordenado de DPS está instalado |
| $P_{TA}$ | Probabilidade de reduzir $P_A$ dependendo das medidas de proteção contra tensões de toque e passo |
| $P_U$ | Probabilidade de ferimentos de seres vivos por choque elétrico (descargas atmosféricas perto da linha conectada) |
| $P_V$ | Probabilidade de danos físicos à estrutura (descargas atmosféricas perto da linha conectada) |
| $P_W$ | Probabilidade de falha de sistemas internos (descargas atmosféricas na linha conectada) |
| $P_X$ | Probabilidade de danos relevantes à estrutura (descargas atmosféricas à estrutura) |
| $P_Z$ | Probabilidade de falha de sistemas internos (descargas atmosféricas perto da linha conectada) |
| $R_1$ | Risco de perda de vida humana em uma estrutura |
| $R_2$ | Risco de perda de serviço ao público em uma estrutura |
| $R_3$ | Risco de perda de património cultural em uma estrutura |
| $R_4$ | Risco de perda de valor económico em uma estrutura |
| $R_A$ | Componente de risco (ferimentos a seres vivos – descarga atmosférica na estrutura) |
| $R_B$ | Componente de risco (danos físicos na estrutura – descarga atmosférica na estrutura) |
| $R_C$ | Componente de risco (falha dos sistemas internos – descarga atmosférica na estrutura) |
| $r_f$ | Fator redutor de perda dependente do risco de incêndio |
| $R_M$ | Componente de risco (falha dos sistemas internos – descarga atmosférica perto da estrutura) |
| $r_p$ | Fator redutor de perda devido às precauções contra in cêndio |
| $R_S$ | Resistência da blindagem por unidade de comprimento de um cabo |

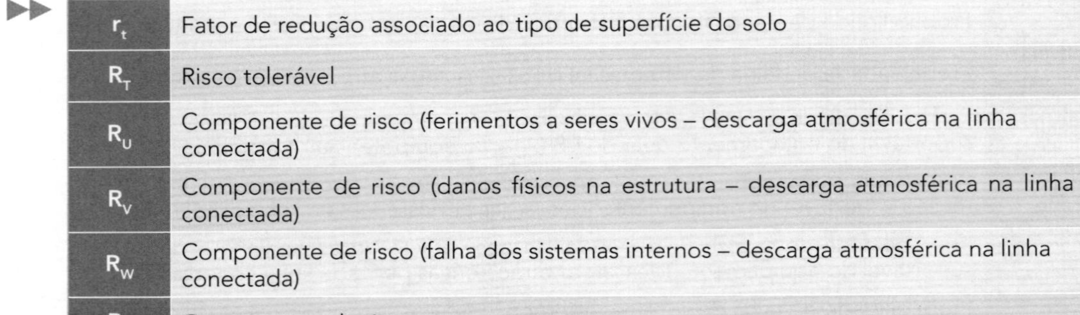

| | |
|---|---|
| $r_t$ | Fator de redução associado ao tipo de superfície do solo |
| $R_T$ | Risco tolerável |
| $R_U$ | Componente de risco (ferimentos a seres vivos – descarga atmosférica na linha conectada) |
| $R_V$ | Componente de risco (danos físicos na estrutura – descarga atmosférica na linha conectada) |
| $R_W$ | Componente de risco (falha dos sistemas internos – descarga atmosférica na linha conectada) |
| $R_X$ | Componente de risco para uma estrutura |
| $R_Z$ | Componente de risco (falha dos sistemas internos – descarga atmosférica perto da linha) |
| $t_z$ | Tempo, em horas por ano, que pessoas estão presentes em um local perigoso |
| Uw | Tensão suportável nominal de impulso de um sistema |

# Sumário


## Capítulo 1 – Aspectos Gerais ........ 31

1.1 Mitologia dos Raios ........ 32
1.2 Origem e Formação da Descarga Atmosférica ........ 32
1.3 Forma de Onda da Descarga Atmosférica ........ 37
1.4 Valores da Descarga Atmosférica ........ 38

## Capítulo 2 – Sistema de Proteção contra Descargas Atmosféricas ..... 41

2.1 Introdução ao SPDA ........ 42
2.2 ABNT NBR 5419:2015 ........ 43
2.2.1 Parte 1 – Princípios Gerais ........ 43
2.2.2 Parte 2 – Gerenciamento de Risco ........ 43
2.2.3 Parte 3 – Danos Físicos a Estrutura e Perigos à Vida ........ 45
2.2.4 Parte 4 – Sistemas Elétricos e Eletrônicos Internos ........ 45

## Capítulo 3 – Riscos e Componentes de Risco ........ 47

3.1 Introdução ........ 48
3.2 Análise do Número Anual (N) de Eventos Perigosos ........ 51
3.3 Componentes de Risco de Descargas Atmosféricas Diretamente na Estrutura (S1) ........ 52
3.4 Componentes de Risco Devido às Descargas Atmosféricas Próximas da Estrutura (S2) ........ 54
3.5 Componentes de Risco Devido a Descargas Atmosféricas em Uma Linha Conectada à Estrutura (S3) ........ 54
3.6 Componentes de Risco Devido a Descargas Atmosféricas nas Proximidades de Uma Linha Conectada à Estrutura (S4) ........ 55
3.7 Dividindo a Estrutura ........ 56

## Capítulo 4 – Equacionando Danos e Riscos ........ 59

4.1 Análise do Número Médio Anual de Eventos Perigosos ND Devido a Descargas Atmosféricas na Estrutura e NDJ em Estrutura Adjacente ........ 60

4.2 Determinação da Área de Exposição Equivalente ($A_D$) ... 60

4.2.1 Localização Relativa da Estrutura ... 60

4.2.2 Número de Eventos Perigosos $N_{DJ}$ para uma Estrutura Adjacente ... 61

4.3 Avaliação do Número Médio Anual de Eventos Perigosos $N_M$ Devido a Descargas Atmosféricas Próximas da Estrutura ... 62

4.4 Avaliação do Número Médio Anual de Eventos Perigosos $N_L$ Devido a Descargas Atmosféricas na Linha ... 63

4.5 Avaliação da Probabilidade $P_X$ de Danos ... 64

4.5.1 Probabilidade $P_A$ de uma Descarga Atmosférica em uma Estrutura Causar Ferimentos a Seres Vivos por Meio de Choque Elétrico ... 65

4.5.2 Probabilidade $P_B$ de uma Descarga Atmosférica em uma Estrutura Causar Danos Físicos ... 65

4.5.3 Probabilidade $P_C$ de uma Descarga Atmosférica em uma Estrutura Causar Falhas a Sistemas Internos ... 66

4.5.4 Probabilidade $P_M$ de uma Descarga Atmosférica Próxima de uma Estrutura Causar Falha em Sistemas Internos ... 68

4.5.5 Probabilidade PU de uma Descarga Atmosférica em uma Linha Resultar em Ferimentos a Seres Vivos por Choque Elétrico ... 70

4.5.6 Probabilidade $P_V$ de uma Descarga Atmosférica em uma Linha Causar Danos Físicos ... 71

4.5.7 Probabilidade $P_W$ de uma Descarga Atmosférica em uma Linha Causar Falha de Sistemas Internos ... 72

4.5.8 Probabilidade $P_Z$ de uma Descarga Atmosférica Perto de uma Linha que Entra na Estrutura Causar Falha dos Sistemas Internos ... 72

**Capítulo 5 – Perdas Causadas por Descargas Atmosféricas ... 75**

5.1 Quantidade Relativa Média de Perda por Evento Perigoso ... 76

5.2 Perda de Vida Humana (L1) ... 76

5.3 Perda Inaceitável de Serviço ao Público (L2) ... 79

5.4 Perda Inaceitável de Patrimônio Cultural (L3) ... 80

5.5 Perda Econômica (L4) ... 81

Capítulo 6 – Proteção Externa contra Descargas Atmosféricas .......... 83

6.1 Classe do SPDA .......... 84
6.2 Continuidade da Armadura de Aço em Estruturas de Concreto Armado .......... 84
6.3 Sistema Externo de Proteção contra Descargas Atmosféricas .......... 85
6.4 Subsistema de Captação .......... 85
6.5 Método do Ângulo de Proteção ou Método de Franklin .......... 86
6.6 Método da Esfera Rolante ou Método Eletrogeométrico .......... 87
6.7 Método das Malhas ou Método da Gaiola de Faraday .......... 89
6.7.1 Captores para Descargas Laterais .......... 90
6.7.2 Construção do Subsistema de Captação .......... 91
6.7.3 Componentes Naturais .......... 91
6.7.4 Subsistema de Descida .......... 92
6.7.5 Posicionamento .......... 93
6.7.6 Posicionamento para SPDA Externo Isolado .......... 93
6.7.7 Posicionamento para SPDA Externo Não Isolado .......... 93
6.8 Divisão da Corrente da Descarga Atmosférica entre os Condutores de Descida .......... 94
6.9 Construção .......... 96
6.10 Componentes Naturais .......... 98
6.11 Conexões de Ensaio .......... 98
6.12 Subsistema de Aterramento .......... 98
6.12.1 Componentes .......... 100
6.12.2 Fixação .......... 102
6.12.3 Materiais e Dimensões .......... 102

Capítulo 7 – Sistema Interno de Proteção contra Descargas Atmosféricas .......... 105

7.1 Equipotencialização Visando Proteção Contra Descargas Atmosféricas .......... 106
7.2 Equipotencialização para Instalações Metálicas .......... 106

7.3 Equipotencialização para Elementos Condutores Externos ............ 108
7.4 Equipotencialização para Sistemas Internos ............ 108
7.5 Equipotencialização para as Linhas Conectadas à Estrutura a ser Protegida ............ 108

**Capítulo 8 – Medidas de Proteção contra Acidentes com Seres Vivos...... 111**

8.1 Medidas de Proteção contra Tensão de Toque ............ 112
8.2 Medidas de Proteção contra Tensão de Passo ............ 112
8.3 Estruturas com Material Sólido Explosivo ............ 113

**Capítulo 9 – Sistemas Elétricos e Eletrônicos Internos na Estrutura ...... 115**

9.1 MPS Básicas ............ 116
9.1.1 Aterramento e Equipotencialização ............ 116
9.1.2 Blindagem Magnética e Roteamento das Linhas ............ 116
9.1.3 Coordenação de DPS ............ 116
9.1.4 Verificações para Estruturas Existentes ............ 117
9.2 Projeto das Medidas Básicas de Proteção para a ZPR ............ 119
9.2.1 Projeto das Medidas Básicas de Proteção para ZPR 1 ............ 119
9.2.2 Projeto das Medidas Básicas de Proteção para ZPR 2 ............ 119
9.2.3 Projeto das Medidas Básicas de Proteção para ZPR 3 ............ 120
9.3 Proteção Usando uma Interligação para Equipotencialização ............ 120
9.4 Proteção por Meio de DPS ............ 120
9.5 Proteção por Interface Isolante ............ 120
9.6 Medidas de Proteção por Roteamento de Linhas e Blindagem ............ 121
9.7 Critérios para a Proteção das Estruturas ............ 122
9.8 Medidas de Proteção para Equipamentos Instalados Externamente ............ 125

**Capítulo 10 – Conceito Legal ............ 127**

10.1 Introdução ............ 128

10.2 Proteções contra Descargas Atmosféricas .......... 128
10.2.1 NBR 5419 – Proteção contra Descargas Atmosféricas .......... 128
10.2.2 NR-10 – Segurança em Instalações e Serviços em Eletricidade .......... 129
10.2.3 Instrução Técnica (IT) nº 41/2019 – PMESP – Corpo de Bombeiros .......... 130
10.3 Lei nº 13.214 .......... 130
10.4 Códigos Civil e Penal .......... 131
10.5 Responsabilidades do Projeto, Instalação e Manutenção do SPDA .......... 132
10.5.1 Responsabilidade do Projeto .......... 132
10.5.2 Responsabilidade da Execução e Manutenção do SPDA .......... 133
10.5.3 Responsabilidade da Documentação do SPDA .......... 134

**Capítulo 11 – Resistividade e Estratificação do Solo .......... 135**

11.1 Aspectos Gerais da Malha de Aterramento .......... 136
11.2 Definições da NBR 7117:2012 .......... 136
11.3 Resistividade do Solo .......... 138
11.3.1 Métodos de Medição da Resistividade do Solo .......... 140
11.3.2 Método de Wenner .......... 141
11.4 Estratificação do Solo .......... 145
11.4.1 Método Simplificado para Estratificação do Solo em Duas Camadas .......... 148

**Capítulo 12 – Aplicações em Alta Tensão .......... 151**

12.1 Proteção dos Equipamentos em Alta Tensão .......... 152
12.1.1 Proteção de Linhas .......... 152
12.1.2 Proteção de Subestações .......... 153
12.1.3 Proteção de Cabines .......... 155
12.2 Para-raios Válvula .......... 156

## Capítulo 13 – Conceitos de Aterramento das Instalações Elétricas..... 159

13.1 Introdução ........ 160

13.2 Sistemas de Aterramento de Instalações em Baixa Tensão ........ 161

13.2.1 Eletrodos de Aterramento ........ 161

13.2.2 Esquema de Aterramento TT ........ 164

13.2.3 Esquema de Aterramento TN ........ 165

13.3 Esquema de Aterramento IT ........ 167

13.4 Sistemas de Aterramento de Instalações em Alta Tensão ........ 168

13.4.1 Esquema TNR ........ 169

13.4.2 Esquemas TTN e TTS ........ 170

13.4.3 Esquemas ITN, ITS e ITR ........ 172

13.5 Equipotencialização ........ 174

## Capítulo 14 – Mitos e Verdades ........ 177

14.1 Introdução ........ 178

14.2 Dúvidas Mais Comuns e Perguntas Frequentes ........ 181

## Capítulo 15 – Estudo de Caso ........ 183

15.1 Premissas Adotadas ........ 184

## Apêndice A – Ensaio de Continuidade Elétrica das Armaduras ........ 189

A.1 Ensaio de Continuidade Elétrica em Estrutura de Concreto Armado de um Edifício em Construção ........ 190

A.2 Ensaio de Continuidade Elétrica em Estrutura de Concreto Armado de um Edifício Construído ........ 191

A.3 Procedimento para a Primeira Verificação ........ 192

A.4 Procedimento para o Ensaio Final ........ 192

Apêndice B – Aplicações da NR-10 e NR-28 no SPDA........................ 193

Apêndice C ........................................................................................ 197

Anexo A – Resolução CNEN nº 04/89................................................ 199

Anexo B ............................................................................................. 205

Anexo C............................................................................................. 207

Bibliografia......................................................................................... 211

# Introdução

A extensão territorial, a localização próxima ao Equador geográfico e algumas outras peculiaridades físicas e climatológicas fazem do Brasil um dos países de maior incidência de descargas atmosféricas (raios).

Segundo o Instituto Nacional de Pesquisas Espaciais (INPE), ocorrem cerca de 50 milhões de descargas atmosféricas por ano no Brasil. A cada 50 mortes provocadas por descargas atmosféricas, uma acontece no Brasil.

As descargas atmosféricas provocam desligamentos não programados nas redes de transmissão e distribuição, sendo responsáveis pela queima de transformadores, além de produzirem sobretensões prejudiciais ao consumidor.

Os sistemas de energia elétrica, que a cada dia aumentam em tamanho e complexidade, são muito vulneráveis às descargas atmosféricas. A credibilidade de tais sistemas naturalmente depende muito da eficiência do Sistema de Proteção contra Descargas Atmosféricas (SPDA).

A publicação da nova edição da NBR 5419, em maio de 2015, trouxe novos conceitos para aumentar a segurança de pessoas, estruturas e instalações, inclusive com a necessidade de instalação do SPDA. Vale destacar o capítulo exclusivo que a norma trouxe sobre avaliação de risco e a forma de seleção do nível de proteção.

Nesse contexto, o SPDA tem a função básica de proteger as edificações, equipamentos, instalações elétricas e telecomunicações, reduzindo os danos impostos às estruturas, os impactos resultantes dos desligamentos, entre outros.

Cabe ressaltar que as descargas atmosféricas são um fenômeno complexo, aleatório e probabilístico de difícil interpretação, o que motiva pesquisadores e engenheiros a buscarem formas de melhorar os níveis de proteção dos circuitos e de instalações elétricas, considerando as normas técnicas em vigência.

O objetivo deste livro é apresentar os conceitos básicos do processo que envolve as descargas atmosféricas e os aspectos de um SPDA. É indicado para engenheiros, técnicos e estudantes de engenharia, pois mostra as particularidades técnicas operacionais e legais na elaboração de projetos de proteção contra descargas atmosféricas.

# Aspectos Gerais

1

## 1.1 Mitologia dos Raios

Desde a Antiguidade, ao longo da história da civilização, os raios sempre foram admirados e temidos. Os povos gregos, nórdicos, egípcios, hindus e astecas, cada um em seu tempo, acreditavam que as forças da natureza eram controladas por deuses. Cada uma dessas culturas nomeava seus deuses de formas diferentes.

Alguns povos acreditavam que os deuses lançavam raios sobre a Terra como sinal de reprovação ou de que haveria tempos prósperos para a lavoura. Outros povos associavam os raios às batidas de um poderoso martelo, cujo efeito estrondoso originava os trovões.

Antes de o Cristianismo ser introduzido nos países nórdicos, acreditava-se que o deus Thor cruzava os céus em uma carruagem puxada por dois bodes. Quando ele agitava seu martelo, produziam-se raios e trovões. A palavra trovão em norueguês (*Torden*) quer dizer o "rugido de Thor".

Geralmente, quando troveja e relampeja, também há chuva. Como a chuva era considerada vital para os camponeses vikings, Thor era adorado como o deus da fertilidade.

Assim, a Mitologia Nórdica dizia que, quando chovia, é porque o deus Thor estava agitando seu martelo. Quando a chuva caía do céu, as sementes germinavam e as plantas cresciam nos campos. Os camponeses, porém, não entendiam porque as plantas cresciam, mas sabiam que estava relacionado com as chuvas. Além disso, todos acreditavam que a chuva estava relacionada com Thor, que se tornou um dos deuses mais importantes do norte da Europa.

## 1.2 Origem e Formação da Descarga Atmosférica

Quando estudamos as descargas atmosféricas, o nome mais conhecido é do estadunidense Benjamin Franklin (1706-1790), que foi também um dos líderes da Revolução Americana. Em poucos anos, Franklin (**Figura 1.1**) fez descobertas sobre a eletricidade que lhe renderam reputação internacional. Ele identificou as cargas positivas e negativas, além de demonstrar que os raios são um fenômeno de natureza elétrica.

**Figura 1.1** | Retrato de Benjamin Franklin.

Para Franklin, só foi possível comprovar sua teoria sobre os raios depois de realizar uma experiência extremamente perigosa. Em 1º de outubro de 1752, ele fez uma pipa voar durante uma tempestade. Em seus escritos, ele apontou os envolvidos na demonstração: foi descrito que o raio é formado por uma descarga elétrica que pode ocorrer entre as nuvens e o solo, ou mesmo entre as nuvens.

Um raio pode ser classificado como uma descarga intensa e visível, que muitas vezes forma um clarão arroxeado, denominado relâmpago. O fenômeno pode vir acompanhado de uma onda sonora, isto é, o trovão.

A metodologia experimental de Benjamin Franklin consistia em colocar uma haste metálica aterrada sob uma nuvem de tempestade. Ao aproximar o corpo aterrado da nuvem, propiciava o caminho de contato entre o solo e a nuvem, escoando para a terra a energia contida na nuvem. Esse método foi comprovado pelo cientista francês Thomas François D'Alibard (1709-1799) em 1752. Ao aproximar um fio aterrado de uma barra de ferro pontiaguda previamente colocada em direção a nuvens carregadas, foi possível observar que faíscas saltavam do mastro para o fio, estabelecendo, dessa forma, o princípio de funcionamento dos para-raios.

Após esse período, diversos estudos apresentaram conceitos sobre as descargas nas nuvens. A maneira simplificada, porém clássica, de explicar a origem das descargas atmosféricas é considerar a descarga como um rompimento da isolação do ar entre duas superfícies carregadas eletricamente e com polaridades opostas.

Os raios são originados a partir da formação das nuvens e estão associados às fases do ciclo da água. Quando a água sobe para a atmosfera por meio da evaporação, na condensação e na sua precipitação, ocorre uma troca de cargas provocada pelo choque entre as partículas de água.

Na formação das nuvens, as cargas negativas se concentram na parte inferior, enquanto as positivas vão para o topo. O vento provoca a separação das partículas de polaridades opostas. Assim, é aceito que as correntes ascendentes de ar são responsáveis pelo transporte das partículas positivas, enquanto as pequenas gotas de água sobem para a parte superior da nuvem. Já as partículas negativas são transportadas para a base da nuvem por meio das grandes gotas d'água (UMAN, 1987).

A Figura 1.2 ilustra a distribuição aproximada de cargas elétricas no interior de uma nuvem.

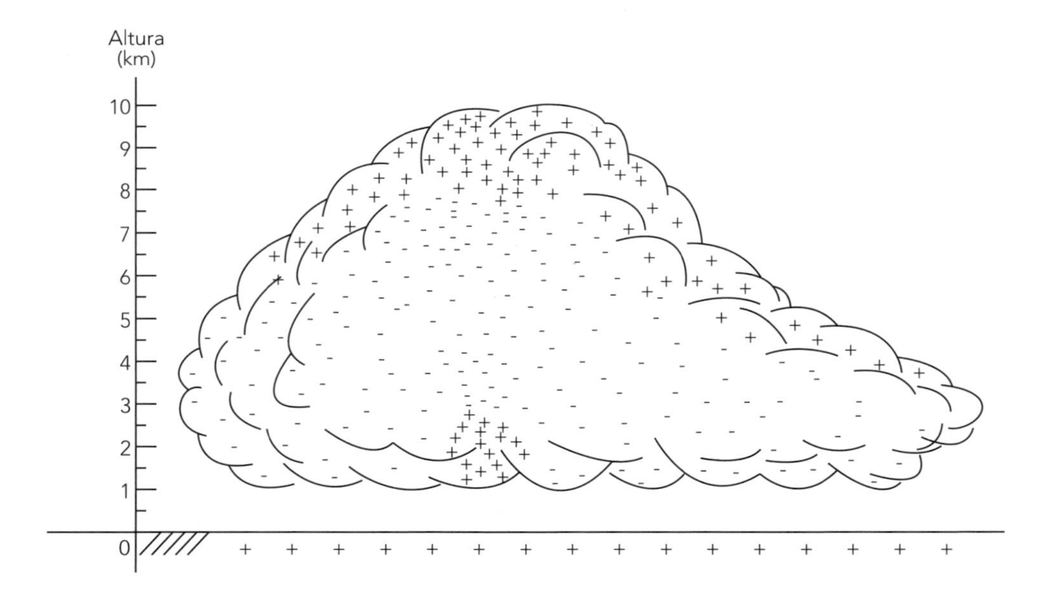


**Figura 1.2** | Distribuição de cargas elétricas no interior de uma nuvem.

Na região inferior da nuvem, há uma elevada concentração de cargas de polaridade negativa. Como consequência, uma grande quantidade de cargas opostas é induzida ao solo.

A distribuição e a concentração das cargas geram o gradiente elétrico, que supera o limite de isolação do ar. Isso resulta na circulação de corrente elétrica na direção da nuvem para solo ou em sentido contrário, por meio de percursos tortuosos e ramificados.

O modelo de desenvolvimento do processo de uma descarga atmosférica é caracterizado pela formação de uma descarga preliminar denominada piloto. Ela ocorre a partir de um centro de cargas negativas dentro da nuvem, acompanhado por uma corrente de retorno.

A Figura 1.3 exibe as etapas de uma descarga atmosférica, demonstrando o sentido da sua evolução. A sequência apresenta o início e a progressão da descarga inicial (piloto).

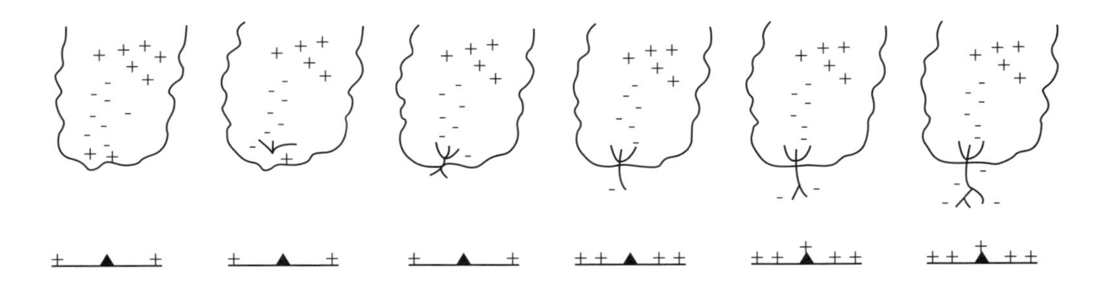

**Figura 1.3** | Etapas de início e progressão da descarga piloto.

Quando a descarga piloto atinge o solo, surge uma corrente de retorno excessivamente brilhante, que se propaga em direção à nuvem. Ela segue o mesmo percurso da descarga piloto e descarrega para o solo as cargas existentes no canal ionizado e uma parcela das cargas da nuvem.

Alguns pesquisadores supõem que a descarga piloto, antes de atingir o solo, inicia um movimento ascendente de cargas de polaridade oposta. Isso é atribuído à elevada intensidade do campo elétrico existente entre a ponta da descarga e o solo. Essas cargas ascendentes podem se encontrar com a descarga piloto em algum ponto acima do solo e iniciar a corrente de retorno.

A Figura 1.4 apresenta as etapas descritas anteriormente, destacando a descarga ascendente, o início e a progressão da corrente de retorno.

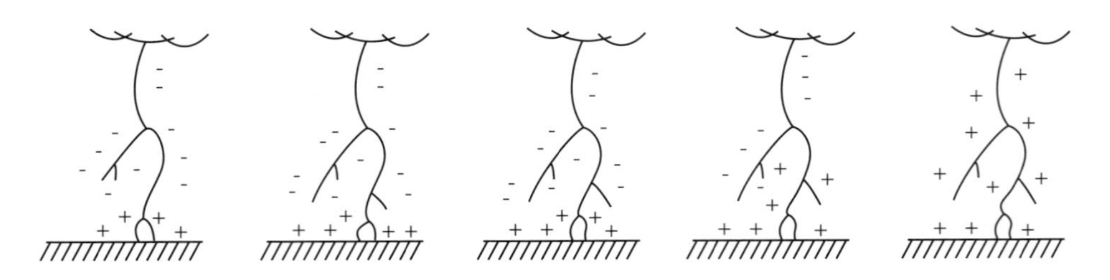

**Figura 1.4** | Perfil da descarga ascendente e progressão da corrente de retorno.

Após a corrente de retorno escoar as cargas da nuvem, observa-se uma diminuição do potencial elétrico desse centro de cargas. Nesse momento, porém, desenvolve-se uma diferença de potencial entre o centro de cargas e outro ponto de cargas qualquer dentro da nuvem.

Assim, são criados canais interligados ao percurso ainda ionizado pela primeira descarga. Nesse instante, uma nova descarga ocorre entre a nuvem e o solo, e não apresenta ramificações em seu percurso. Depois de atingir o solo, surge uma nova corrente de retorno, que se dirige de volta para a nuvem. Esse processo pode se repetir diversas vezes, mas somente pode ser percebido com o auxílio de equipamentos visuais sofisticados.

A Figura 1.5 apresenta as etapas do desenvolvimento de uma típica descarga "sem ramificações". Na imagem, é possível observar a ausência de ramificações no processo da descarga, o que justifica o fato de algumas descargas atmosféricas apresentarem mais ramificações do que outras.

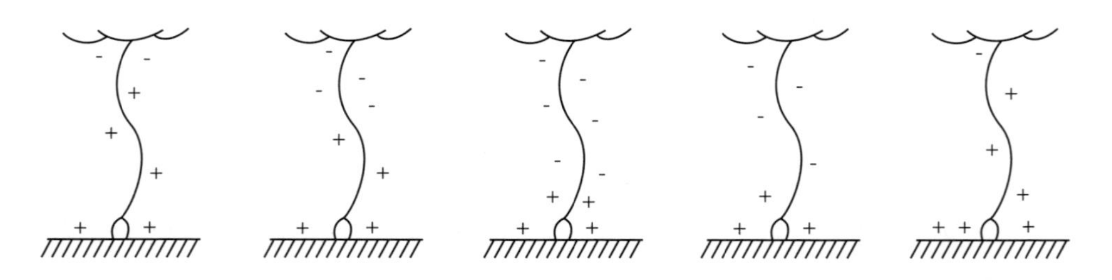

**Figura 1.5** | Perfil da descarga "sem ramificações" e corrente de retorno.

A Figura 1.6 apresenta o resultado em tempo real obtido com câmaras fixas, utilizado no registro da formação da descarga atmosférica. O processo de formação da descarga é dinâmico e todos os dados são importantes para a compreensão desse fenômeno. É importante considerar a duração de cada etapa, velocidade de propagação etc.

**Figura 1.6** | Imagem real do processo de formação da descarga atmosférica.

Informações relativamente recentes foram fundamentais para a elaboração de novos modelos de descargas atmosféricas. Esses estudos consideram a velocidade de propagação da descarga, a corrente de crista, a carga e a inclinação da corrente (di/dt). Esses modelos são classificados de acordo com o sentido do canal de descarga adotado.

É importante lembrar que não existe unanimidade quanto à melhor teoria para explicar todas as etapas de formação da descarga atmosférica. Assim, é necessário que haja estudos mais aprofundados para melhorar o entendimento do fenômeno, medidas de proteção, equipamentos disponíveis, métodos de instalações e legislações vigentes.

## 1.3 Forma de Onda da Descarga Atmosférica

Com apoio de dados de diversos estudos e pesquisas foi possível obter a forma de onda típica de uma descarga atmosférica.

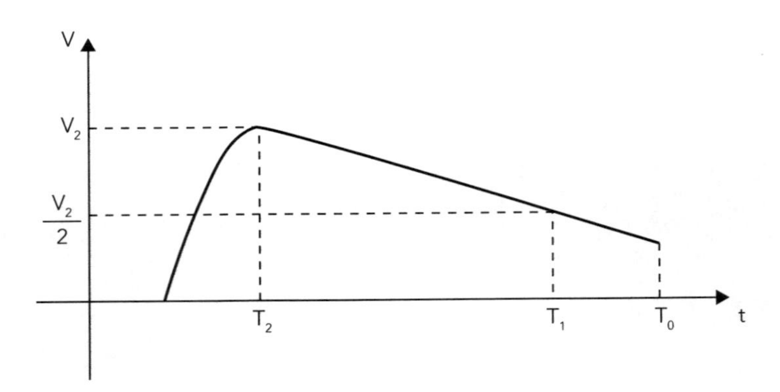


**Gráfico 1.1** | Forma de onda da tensão de uma descarga atmosférica.

Fonte: adaptado da NBR 5419.

Ao analisar o Gráfico 1.1, é possível observar que $V_2$, também chamado de valor de crista, é o valor máximo de tensão. Esse valor é atingido no instante $T_2$ e pode variar entre 1 e 10 μs. Ele recebe o nome de frente de onda.

Após o instante $T_2$, a tensão começa a cair, atingindo uma intensidade de 50% de $V_2$ em um intervalo de tempo $T_1$, que varia de 20 a 50 μs. Esse intervalo entre $T_2$ e $T_1$ é denominado tempo de meia cauda. O valor da tensão continua caindo e torna-se quase nula ao final de $T_0$, após um período que pode variar entre 100 e 200 μs. Ele recebe o nome de tempo de cauda.

A onda de tensão característica da descarga atmosférica foi normalizada com 1,2 μs para o valor de frente de onda e 50 μs para o valor do tempo de meia cauda. Dessa forma, a onda de tensão é denominada onda de 1,2 × 50 μs.

A onda de corrente da descarga atmosférica foi normalizada com 8 μs para o valor de frente de onda e 20 μs para o valor do tempo de meia cauda. Assim, a onda de corrente da descarga atmosférica é conhecida como onda 8 × 20 μs.

## 1.4 Valores da Descarga Atmosférica

De acordo com as medições e os estudos realizados por pesquisadores internacionais, ao analisar a curva de probabilidade da magnitude da corrente do raio, é possível considerar que:

a) 70% das descargas atmosféricas excedem 10 kA;

b) 50% das descargas atmosféricas excedem 20 kA;

c) 20% das descargas atmosféricas excedem 40 kA;

d) 5% das descargas atmosféricas excedem 80 kA.

Outras grandezas que foram medidas e registradas são apresentadas na Tabela 1.1.

**Tabela 1.1** | Grandezas registradas em uma descarga atmosférica

| Grandezas | Valores |
|---|---|
| Carga elétrica na nuvem | 20 a 50 C |
| Energia | 4 a 10 kWh |
| Tempo de meia cauda | 50 μs |
| Tempo de crista | 1,2 μs |
| Duração | 70 a 200 μs |
| Tensão | 100 a 1.000 kV |
| Potência liberada | 1 a 8 bilhões de kW |
| Corrente | 2.000 a 200.000 ampères |

Fonte: adaptado de Kinderman e Campagnolo (1998).

# Sistema de Proteção contra Descargas Atmosféricas

2

## 2.1 Introdução ao SPDA

A finalidade dos Sistemas de Proteção contra Descargas Atmosféricas (SPDA) é proteger as edificações e tudo o que há em seu interior, como equipamentos, instalações elétricas e telecomunicações. O objetivo é reduzir os danos impostos às estruturas, os impactos dos desligamentos e as manutenções corretivas.

Por razões práticas, os critérios para projeto, instalação e manutenção das medidas de proteção contemplam dois conjuntos separados:

a) as medidas de proteção para reduzir danos físicos e riscos às vidas dentro de uma estrutura;

b) medidas de proteção para reduzir falhas de sistemas elétricos e eletrônicos dispostos no interior de uma estrutura.

Esses sistemas estão em constante aprimoramento. O monitoramento é realizado por meio de dispositivos que visam reduzir essas ocorrências. De maneira geral, o SPDA tem a função de proteger ao captar a corrente elétrica proveniente da queda de raios e direcioná-la. Essa corrente é, em seguida, escoada por meio de sistemas de aterramentos.

Dessa forma, a primeira função do SPDA é neutralizar o poder de atração das pontas e o crescimento do gradiente de potencial elétrico entre o solo e as nuvens. Sua função é realizar o permanente escoamento de cargas elétricas provenientes da descarga atmosférica para a terra. Outra função do sistema é oferecer, quando ocorrer uma descarga elétrica, um caminho adequado, de baixa impedância, para essa descarga. Isso reduz os riscos decorrentes e associados.

O SPDA é o sistema completo, composto de um sistema de proteção interno e outro externo.

O sistema interno de proteção contra descargas atmosféricas é constituído de dispositivos que reduzem os efeitos elétricos e magnéticos da corrente nos circuitos e equipamentos elétricos dentro do volume a proteger.

O sistema externo de proteção contra descargas atmosféricas consiste em captores, condutores de descida e aterramento.

Para facilitar o perfeito entendimento do tema, o SPDA pode ser dividido no sistema de proteção das estruturas e proteção dos equipamentos existentes no interior dessas estruturas.

## 2.2 ABNT NBR 5419:2015

Em conformidade com a IEC 62305/2010, a ABNT NBR 5419 segue com a mesma estrutura e organização, sendo constituída pelos seguintes documentos normativos:

a) Parte 1 – Princípios Gerais (ABNT NBR 5419:1).

b) Parte 2 – Gerenciamento de Risco (ABNT NBR 5419:2).

c) Parte 3 – Danos Físicos às Estruturas e Perigo à Vida (ABNT NBR 5419:3).

d) Parte 4 – Proteção de Sistemas Elétricos e Eletrônicos (ABNT NBR 5419:4).

### 2.2.1 Parte 1 – Princípios Gerais

A Parte 1 da norma aborda o fenômeno da descarga atmosférica e os parâmetros associados às correntes das descargas, os quais são utilizados como base das regras de medidas de proteção e dimensionamento de componentes.

### 2.2.2 Parte 2 – Gerenciamento de Risco

Na Parte 2, que trata de gerenciamento de risco, é possível encontrar a apresentação e a definição detalhada da fonte de danos às estruturas decorrentes do ponto de impacto oriundo das descargas atmosféricas:

a) S1 – descarga atmosférica direta na estrutura;

b) S2 – descarga atmosférica próxima da estrutura;

c) S3 – descarga atmosférica direta na linha;

d) S4 – descarga atmosférica próxima da linha.

Essa parte da norma também descreve os tipos de danos que podem ser causados pelas descargas atmosféricas, sendo:

a) D1 – ferimentos a seres vivos devido ao choque elétrico;

b) D2 – danos físicos;

c) D3 – falhas de sistemas eletroeletrônicos.

Cada um dos danos, isolados ou combinados, resulta em diferentes tipos de perdas ($L_X$) à estrutura, assim definidas:

a) L1 – perda da vida humana;

b) L2 – perda de serviços públicos;

c) L3 – perda de patrimônio cultural;

d) L4 – perda de valores econômicos.

A Tabela 2.1 apresenta cada uma das situações descritas anteriormente, visando facilitar a compreensão do leitor.

**Tabela 2.1** | Fontes de danos, tipos de danos e tipos de perdas de acordo com o ponto de impacto provenientes de uma descarga atmosférica

| Local do impacto | Fonte de dano | Tipo de dano | Tipo de perda |
|---|---|---|---|
| Direto na estrutura | S1 | D1 | L1, L4[1] |
| | | D2 | L1, L2, L3 e L4 |
| | | D3 | L1[2], L2, L4 |
| Próximo à estrutura | S2 | D3 | L1[2], L2, L4 |
| Diretamente nas linhas elétricas e tubulações metálicas conectadas à estrutura | S3 | D1 | L1, L4[1] |
| | | D2 | L1, L2, L3 e L4 |
| | | D3 | L1[2], L2, L4 |
| Próximo a linhas elétricas ou tubulações metálicas conectadas à estrutura | S4 | D3 | L1[2], L2, L4 |

[1] Somente para propriedades em que possa haver perda de vidas animais.

[2] Somente para estruturas com risco de explosão, hospitais ou outras estruturas nas quais falhas em sistemas internos colocam a vida humana diretamente em perigo.

Fonte: adaptado da norma NBR 5419.

A avaliação e o gerenciamento dos riscos podem ser realizados de acordo com equações e parâmetros específicos.[1] Os riscos dependem, entre outras causas, do número anual de descargas atmosféricas que incidem na estrutura ou em suas proximidades, da probabilidade de dano decorrente das descargas atmosféricas, da quantidade média das perdas causadas etc.

1 Mais informações sobre avaliação e gerenciamento de riscos podem ser encontradas no Capítulo 4.

De acordo com a ABNT NBR 5419-1, devem ser considerados os riscos $R_1$, $R_2$ e $R_3$ na avaliação da necessidade da proteção contra as descargas atmosféricas. Os parâmetros relevantes aos cálculos serão abordados no Capítulo 4 deste livro.

### 2.2.3 Parte 3 – Danos Físicos a Estrutura e Perigos à Vida

A proteção no interior e ao redor da estrutura contra os danos físicos e lesões a seres vivos causados por tensões de passo e toque é objeto da Parte 3 do documento normativo. Essa parte apresenta ainda as características dos materiais condutores utilizados nos sistemas de captação e descida, bem como os procedimentos empregados nos testes para avaliação da continuidade elétrica das armaduras de concreto armado.

### 2.2.4 Parte 4 – Sistemas Elétricos e Eletrônicos Internos

A Parte 4 indica a proteção dos equipamentos eletroeletrônicos presentes no interior da estrutura. Essa proteção é indicada por meio das Medidas de Proteção contra Surtos, e considera os aspectos relacionados à compatibilidade eletromagnética. Os sistemas eletroeletrônicos podem sofrer danos permanentes causados por impulsos eletromagnéticos provenientes das descargas atmosféricas, pois isso pode ser causado por surtos conduzidos ou induzidos por meio dos cabos que pertencem a linhas elétricas ou de sinal, mesmo quando não há um SPDA instalado externamente à estrutura.

# 3 Riscos e Componentes de Risco

## 3.1 Introdução

Considerando que as descargas atmosféricas são fenômenos naturais impossíveis de ser impedidos, devem ser adotadas medidas de proteção para reduzir os danos causados à população e às edificações. Contudo, não são todas as estruturas que necessitam de implantação de um Sistema de Proteção contra Descargas Atmosféricas (SPDA). A confirmação da necessidade de instalação de SPDA resulta da análise das variáveis envolvidas para cada caso.

Dessa forma, quatro possíveis riscos devem ser considerados na tomada de decisão, de acordo com a NBR 5419-2, a saber:

a) $R_1$: risco de perda ou ferimentos temporários e permanentes em vidas humanas.

b) $R_2$: risco de perdas de serviços ao público.

c) $R_3$: risco de perdas do patrimônio cultural.

d) $R_4$: risco de perda de valores econômicos.

Portanto, esses riscos devem ser analisados com cuidado. O sistema SPDA deve ser instalado em uma edificação, exceto quando o risco de problemas é menor do que o valor tolerável. O valor de risco tolerável para cada tipo de perda pode ser observado na Tabela 3.1.

**Tabela 3.1** | Valores típicos do risco tolerável

| Tipo de perda | Risco tolerável ($R_T$) |
|---|---|
| L1 – Perda de vida humana ou ferimentos permanentes | $10^{-5}$ |
| L2 – Perda de serviço ao público | $10^{-3}$ |
| L3 – Perda de patrimônio cultural | $10^{-4}$ |

Observação: o risco tolerável para o tipo de perda L4 é fixado em $10^{-3}$ caso os dados para comparação custo/benefício não sejam fornecidos.

Fonte: norma NBR 5419-2 (Tabela 4).

Para cada tipo de risco a ser considerado, devemos observar esta sequência de passos:

a) identificar os componentes $R_X$ que compõe o risco;

b) calcular os componentes de risco identificados $R_X$;

c) calcular o risco total R;

d) identificar os riscos toleráveis $R_T$;

e) comparar o risco R com o risco tolerável $R_T$;

Se $R \leq R_T$, a proteção contra descarga atmosférica não é necessária. Caso contrário, se $R > R_T$, devem ser adotadas medidas de proteção com o objetivo de reduzir o risco total para valores inferiores ao risco tolerável a que a estrutura está submetida.

Caso o risco não possa ser reduzido ao nível tolerável, é fundamental providenciar o mais alto nível de proteção para a instalação.

Cada um dos riscos é calculado por meio do somatório de seus componentes. As Equações 3.1 a 3.4 podem ser utilizadas:

$$R_1 = R_{A1} + R_{B1} + R_{C1}{}^1 + R_{M1}{}^1 + R_{U1} + R_{V1} + R_{W1}{}^1 + R_{Z1}{}^1$$ **(Equação 3.1)**

$$R_2 = R_{B2} + R_{C2} + R_{M2} + R_{V2} + R_{W2} + R_{Z2}$$ **(Equação 3.2)**

$$R_3 = R_{B3} + R_{V3}$$ **(Equação 3.3)**

$$R_4 = R_{A4}{}^2 + R_{B4} + R_{C4} + R_{M4} + R_{U4}{}^2 + R_{V4} + R_{W4} + R_{Z4}$$ **(Equação 3.4)**

[1] Devem ser incluídos somente para as estruturas submetidas ao risco de explosão ou ainda para as instalações hospitalares ou outras estruturas onde a falha dos sistemas internos possa colocar de imediato a vida humana em perigo.

[2] Somente para os locais em que possa haver a perda de vidas animais.

É possível observar por meio das equações que os componentes de risco totalizam até oito possibilidades. Eles são divididos nas quatro fontes de danos S1, S2, S3 e S4, conforme a Tabela 3.2.

**Tabela 3.2** | Componentes de risco × tipo de perda

| Fonte de danos | Descarga atmosférica na estrutura (S1) | | | Descarga atmosférica próxima da estrutura (S2) | Descarga atmosférica em linha conectada a estrutura (S3) | | | Descarga atmosférica próxima de linha conectada a estrutura (S4) |
|---|---|---|---|---|---|---|---|---|
| Componente de risco | $R_A$ | $R_B$ | $R_C$ | $R_m$ | $R_u$ | $R_v$ | $R_w$ | $R_z$ |
| Risco para cada tipo de perda | | | | | | | | |
| $R_1$ | X | X | X(a) | X(a) | X | X | X(a) | X(a) |
| $R_2$ | | X | X | X | | X | X | X |
| $R_3$ | | X | | | | X | | |
| $R_4$ | X(b) | X | X | X | X(b) | X | X | X |

X(a): somente para estruturas com risco de explosão, hospitais ou outras estruturas na qual a falha de sistemas internos possa colocar imediatamente a vida humana em perigo.

X(b): somente para propriedades em que possa haver perda de vidas animais.

Fonte: adaptada da norma NBR 5419.

Os componentes de risco descritos na Tabela 3.2 são expressos por meio da Equação 3.5:

$$R_X = N_x \times P_x \times L_x \quad \text{(Equação 3.5)}$$

Em que:

**$N_x$:** número de eventos perigosos por ano;

**$P_x$:** probabilidade de dano à estrutura;

**$L_x$:** perda inferida.

O número $N_x$ de eventos perigosos por ano pode assumir diferentes valores devido à densidade de descargas atmosféricas para a terra ($N_G$) e ainda pelas características físicas da estrutura que deve ser protegida, sua vizinhança, linhas conectadas e o solo.

A probabilidade de dano $P_x$ está diretamente relacionada com as características da estrutura que deve ser protegida, das linhas conectadas e das medidas de proteção existentes.

A perda consequente $L_x$ está diretamente ligada ao tipo de serviço fornecido ao público, ao número de pessoas no interior da estrutura, o uso para o qual a estrutura foi projetada, o valor dos bens ou equipamentos afetados pelos danos e as medidas providenciadas para limitar a quantidade de perdas.

## 3.2 Análise do Número Anual (N) de Eventos Perigosos

O número médio anual N de eventos perigosos em razão das descargas atmosféricas que podem atingir a estrutura a ser protegida depende da localização e das características físicas. A localização da estrutura estabelece a atividade atmosférica da região.

O valor de N pode ser obtido por meio da multiplicação da densidade de descargas atmosféricas para a terra ($N_G$) pela área equivalente da estrutura, considerando os fatores de ajuste para as características físicas da estrutura.

O parâmetro $N_G$, que representa o número de descargas atmosféricas por $km^2 \times$ ano, pode ser obtido por meio do mapa isocerâunico (Mapa 3.1) disponibilizado pelo Instituto Nacional de Pesquisas Espaciais (INPE).[1]

O mapa isocerâunico apresenta o número de dias com trovões por ano no território sob análise, para o qual se pretende projetar o SPDA. Dessa forma, é possível obter um índice conhecido por índice ceráunico, essencial para avaliar a necessidade de implantação de um SPDA.

O mapa de densidade de descargas atmosféricas foi gerado pelo ELAT/INPE para todo o território nacional, a partir dos pulsos luminosos capturados do espaço pelo *Lightning Imaging Sensor* (LIS), a bordo do satélite tropical Rainfall Measuring Mission (TRMM) da Nasa, durante o período de 1998 a 2011.

Também é possível a obtenção do valor de $N_G$ por meio de coordenadas cartesianas de GPS e inseridas no site do INPE.

---

1 Disponível em: <http://www.inpe.br/ABNT_NBR5419_Ng>. Acesso em: 21 out. 2019.

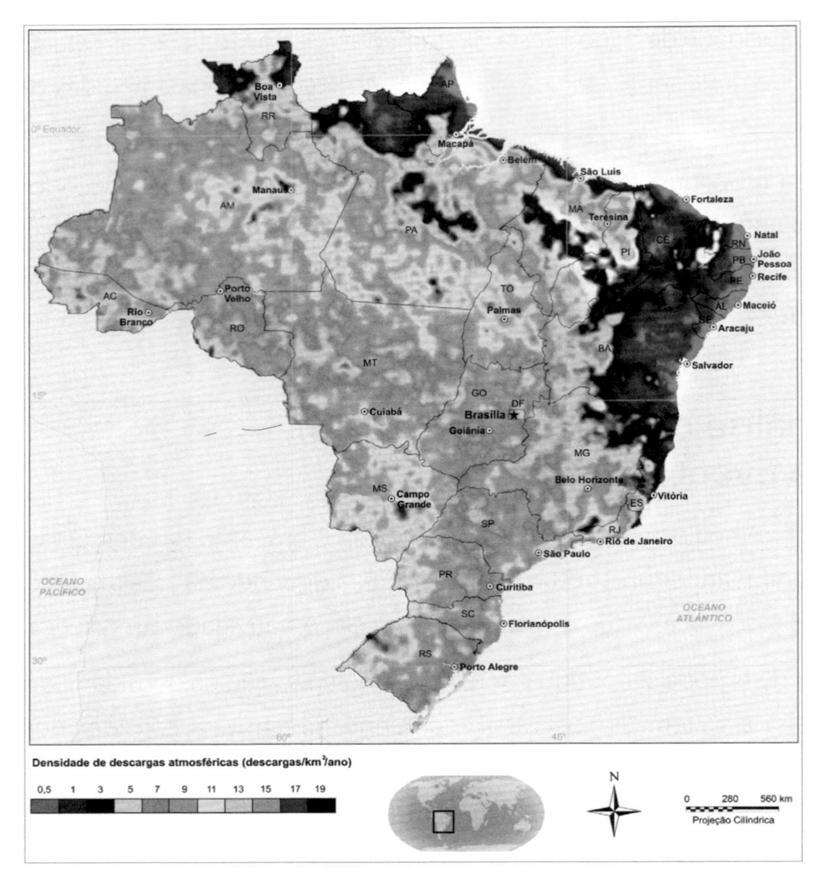


**Mapa 3.1** | Densidade de descargas atmosféricas $N_G$ (descargas atmosféricas/km²/ano).

Se um mapa não estive disponível, o $N_G$ pode ser estimado por:

$$NG \cong 0{,}1\, T_D \qquad \text{(Equação 3.6)}$$

em que $T_D$ é o número de dias com tempestades por ano.

## 3.3 Componentes de Risco de Descargas Atmosféricas Diretamente na Estrutura (S1)

Esse componente corresponde ao dano D1 associado a ferimentos a seres vivos por choque elétrico, devido à tensão de passo e ao toque no interior da estrutura, e ao redor dos condutores de descida considerada a distância de até 3 m:

$$R_A = N_D \times P_A \times L_A$$ **(Equação 3.7)**

Em que:

**$N_D$:** número médio anual de eventos perigosos à estrutura;

**$P_A$:** probabilidade de ferimentos de seres vivos devido ao choque elétrico;

**$L_A$:** perda relacionada a ferimentos a seres vivos decorrentes do choque elétrico.

Correspondente ao dano D2, associado ao dano físico, decorrente de centelhamentos perigosos no interior da estrutura resultando em incêndio ou explosão:

$$R_B = N_D \times P_B \times L_B$$ **(Equação 3.8)**

Em que:

**$P_B$:** probabilidade de danos físicos;

**$L_B$:** perda em uma estrutura relacionada a danos físicos.

Correspondente ao dano D3 (falhas de sistemas internos) associado às falhas de sistemas internos:

$$R_C = N_D \times P_C \times L_C$$ **(Equação 3.9)**

Em que:

**$P_C$:** probabilidade de a descarga atmosférica causar falha de sistemas internos;

**$L_C$:** perda relacionada à falha dos sistemas internos.

## 3.4 Componentes de Risco Devido às Descargas Atmosféricas Próximas da Estrutura (S2)

Correspondente ao dano D3 (falhas de sistemas internos) nos casos de estrutura com risco de explosão e hospitais, ou outras estruturas, em que falhas de sistemas internos possam imediatamente colocar em perigo a vida humana:

$$R_M = N_M \times P_M \times L_M \quad \text{(Equação 3.10)}$$

Em que:

**$N_M$:** número médio anual de eventos perigosos perto da estrutura;

**$P_M$:** probabilidade de a descarga próxima a estrutura causar falha nos sistemas internos;

**$L_M$:** perda relacionada falha nos sistemas internos.

## 3.5 Componentes de Risco Devido a Descargas Atmosféricas em Uma Linha Conectada à Estrutura (S3)

Correspondente ao dano D1 relacionado a ferimentos em seres vivos por choque elétrico:

$$R_U = (N_L + N_{DJ}) \times P_U \times L_U \quad \text{(Equação 3.11)}$$

Em que:

**$N_L$:** número médio anual de eventos perigosos em linha conectada à estrutura;

**$N_{DJ}$:** número médio anual de eventos perigosos a uma estrutura adjacente;

**$P_U$:** probabilidade de a descarga em uma linha causar ferimentos por choque elétrico;

**$L_U$:** perda devido a ferimentos por choque elétrico.

Correspondente ao dano D2 relacionado a danos físicos:

$$R_V = (N_L + N_{DJ}) \times P_V \times L_V$$ **(Equação 3.12)**

Em que:

**$N_L$:** número médio anual de eventos perigosos em linha conectada à estrutura;

**$N_{DJ}$:** número médio anual de eventos perigosos a uma estrutura adjacente;

**$P_V$:** probabilidade de descarga em uma linha causar danos físicos;

**$L_V$:** perda devido à danos físicos.

Correspondente ao dano D3 relacionado a falhas em sistemas internos:

$$R_W = (N_L + N_{DJ}) \times P_W \times L_W$$ (Equação 3.13)

Em que:

**$N_L$:** número médio anual de eventos perigosos em linha conectada à estrutura;

**$N_{DJ}$:** número médio anual de eventos perigosos a uma estrutura adjacente;

**$P_W$:** probabilidade de descarga em uma linha causar falha nos sistemas internos;

**$L_W$:** perda devido a falha nos sistemas internos.

## 3.6 Componentes de Risco Devido a Descargas Atmosféricas nas Proximidades de Uma Linha Conectada à Estrutura (S4)

Correspondente ao dano D3 relacionado a falhas nos sistemas internos causado por sobretensões induzidas nas linhas que adentram a estrutura:

$$R_Z = N_I \times P_Z \times L_Z$$ **(Equação 3.14)**

Em que:

**$N_I$:** número médio anual de eventos perigosos em uma linha conectada à estrutura;

**$P_Z$:** probabilidade de descarga próxima a uma linha causar falha nos sistemas internos;

**$L_W$:** perda devido a falha nos sistemas internos.

## 3.7 Dividindo a Estrutura

De acordo com a NBR 5419, em vez de constituir uma única zona, uma estrutura pode ser dividida em "n" zonas $Z_S$ com características homogêneas, definidas, por exemplo, de acordo com o tipo de solo ou piso, compartimentos a prova de fogo e blindagem espacial. Contudo, se a estrutura for dividida em zonas ($Z_S$), cada componente de risco deve ser avaliado para cada zona criada.

Dessa forma, o risco total R da estrutura representa a soma dos componentes de risco relevantes para as zonas ($Z_S$) que compõem a estrutura.

De maneira análoga, uma linha pode ser dividida em seções ($S_L$) em função, por exemplo, da linha enterrada ou aérea, blindada ou não blindada. Caso existam muitos valores de parâmetros em uma única seção, deve ser assumido aquele valor que conduza ao maior valor de risco.

No caso dos parâmetros $R_A$, $R_B$, $R_U$, $R_V$, $R_W$ e $R_Z$, quando se tem mais de uma zona e mais de um valor aplicável, é indicado escolher o maior valor de todos.

Para os componentes $R_C$ e $R_M$, se mais de um sistema interno é envolvido em uma zona, os valores de $P_C$ e $P_M$ são dados por:

$$P_C = 1 - (1 - P_{C1}) \times (1 - P_{C2}) \times ... \times (1 - P_{Ci}) \quad \text{(Equação 3.15)}$$

$$P_M = 1 - (1 - P_{M1}) \times (1 - P_{M2}) \times ... \times (1 - P_{Mi}) \quad \text{(Equação 3.16)}$$

Vale lembrar que $P_{Ci}$ e $P_{Mi}$ são parâmetros relevantes ao sistema interno, em que i = 1, 2, 3...

É conveniente destacar que o custo das medidas de proteção para uma única zona pode ser mais oneroso, tendo em vista que cada medida deve ser estendida para toda a estrutura. Dividir a estrutura em zona, porém, pode reduzir o custo total da proteção contra descargas atmosféricas, visto que permite levar em consideração as características de cada parte da estrutura durante a avaliação dos componentes de risco. Dessa forma, é possível selecionar medidas de proteção mais adequadas a cada uma das zonas que constituem a estrutura.

# Equacionando Danos e Riscos

4

## 4.1 Análise do Número Médio Anual de Eventos Perigosos ND Devido a Descargas Atmosféricas na Estrutura e NDJ em Estrutura Adjacente

A atividade atmosférica presente no local em que está situada a estrutura objeto da proteção, bem como suas características físicas, influencia diretamente o número médio anual N de eventos perigosos.

Para realizar tal análise, é necessário conhecer outros conceitos conforme será descrito a seguir.

## 4.2 Determinação da área de exposição equivalente ($A_D$)

A área de exposição equivalente é calculada por meio de equações que consideram apenas as dimensões da estrutura. Admitindo-se uma estrutura de forma retangular, e conhecendo-se seu comprimento (L), sua largura (W) e sua altura (H), expressos em metros, é possível calcular o valor de $A_D$ a partir de:

$$A_D = L \times W + 2 \times (3 \times H) \times (L + W) + \pi \times (3 \times H)^2$$ **(Equação 4.1)**

Caso a estrutura analisada não seja retangular e ainda dotada de saliências, é necessário que dois cálculos sejam feitos. O primeiro, por meio da Equação 4.1, utilizando $H_{MÍN}$ (altura mínima da estrutura) e, o outro, considerando a Equação 4.2, utilizando $H_P$, que representa a altura de saliência. Diante dos dois valores, escolhe-se o maior deles para representar a área de exposição equivalente.

$$AD' = \pi \times (3 \times H_P)^2$$ **(Equação 4.2)**

### 4.2.1 Localização Relativa da Estrutura

A localização relativa da estrutura, que pode ser compensada pelas estruturas dispostas ao redor ou uma localização exposta, deve ser considerada a partir do fator de localização ($C_D$), o qual é obtido a partir da localização da estrutura em função das demais estruturas no seu entorno, conforme os valores mostrados na Tabela 4.1.

| Tabela 4.1 \| Fator de localização da estrutura ($C_D$) | |
|---|---|
| **Localização relativa** | **$C_D$** |
| Estrutura cercada por objetos mais altos | 0,25 |
| Estrutura cercada por objetos de mesma altura ou mais baixos | 0,5 |
| Estrutura isolada: nenhum outro objeto nas vizinhanças | 1 |
| Estrutura isolada no topo de colina ou monte | 2 |

Fonte: adaptado da norma NBR 5419.

Com a área de exposição equivalente calculada e o fator de localização determinado, calcula-se o número de eventos perigosos (ND) para a estrutura por:

$$N_D = N_G \times A_D \times C_D \times 10^{-6} \quad \textbf{(Equação 4.3)}$$

Em que:

**$N_G$:** densidade de descargas atmosféricas para a terra ($1/km^2 \times$ ano);

**$A_D$:** área de exposição equivalente da estrutura, expressa em $m^2$;

**$C_D$:** fator de localização da estrutura (ver Tabela 4.1).

## 4.2.2 Número de Eventos Perigosos $N_{DJ}$ para uma Estrutura Adjacente

Para uma estrutura conectada na extremidade de uma linha, o número médio anual de eventos perigosos decorrentes de descarga atmosférica direta resulta da seguinte equação:

$$N_{DJ} = N_G \times A_{DJ} \times C_{DJ} \times C_T \times 10^{-6} \quad \textbf{(Equação 4.4)}$$

Em que:

**$N_G$:** densidade de descargas atmosféricas para a terra ($1/km^2 \times$ ano);

**$A_{DJ}$:** área de exposição equivalente da estrutura adjacente, expressa em $m^2$;

**$C_{DJ}$:** fator de localização da estrutura adjacente (ver Tabela 4.1);

**$C_T$:** fator tipo de linha (ver Tabela 4.2).

O fator tipo de linha (CT) deve ser determinado a partir da Tabela 4.2, de acordo com as especificações da linha em análise.

**Tabela 4.2** | Fator tipo de linha $C_T$

| Instalação | $C_T$ |
|---|---|
| Linha de energia ou sinal | 1 |
| Linha de energia em AT (com transformador AT/BT) | 0,2 |

Fonte: adaptado da norma NBR 5419.

## 4.3 Avaliação do Número Médio Anual de Eventos Perigosos $N_M$ Devido a Descargas Atmosféricas Próximas da Estrutura

O valor de $N_M$, número médio anual de eventos perigosos, é dado por meio do produto dos fatores $N_G$ e $A_M$, em que $A_M$ corresponde à área de exposição equivalente, que se estende a uma linha localizada a uma distância *D* do perímetro da estrutura.

$$N_M = N_G \times A_M \times 10^{-6}$$ **(Equação 4.5)**

$$\text{Logo, } A_M = 2 \times D \times (L + W) + \pi \times D^2$$ **(Equação 4.6)**

Em que:

**$N_G$:** densidade de descargas atmosféricas para a terra ($1/km^2 \times$ ano);

**L:** comprimento da estrutura;

**W:** largura;

**D:** distância entre o perímetro da estrutura e um limite próximo.

## 4.4 Avaliação do Número Médio Anual de Eventos Perigosos $N_L$ Devido a Descargas Atmosféricas na Linha

O valor de $N_L$, número médio anual de eventos perigosos devido a descargas na linha, pode ser obtido por meio da equação:

$$N_L = N_G \times A_L \times C_I \times C_E \times C_T \times 10^{-6}$$ **(Equação 4.7)**

Em que:

**$N_L$:** número de sobretensões de amplitude superior a 1 kV (1/ano) na seção da linha;

**$N_G$:** densidade de descargas atmosféricas para a terra (1/km$^2 \times$ ano);

**$A_L$:** área de exposição equivalente de descargas atmosféricas que atingem a linha, expressa em m$^2$;

**$C_I$:** fator de instalação da linha (ver Tabela 4.3);

**$C_T$:** fator tipo de linha (ver Tabela 4.2);

**$C_E$:** fator ambiental (ver Tabela 4.4).

**Tabela 4.3** | Fator de instalação da linha $C_I$

| Roteamento | $C_I$ |
|---|---|
| Aéreo | 1 |
| Enterrado | 0,5 |
| Cabos enterrados instalados completamente dentro de uma malha de aterramento (ABNT NBR 5419-4:2015, 5.2) | 0,01 |

Fonte: adaptado da norma NBR 5419.

**Tabela 4.4** | Fator ambiental da linha $C_E$

| Ambiente | $C_E$ |
|---|---|
| Rural | 1 |
| Suburbano | 0,5 |
| Urbano | 0,1 |
| Urbano com edifícios cuja altura > 20 m | 0,01 |

Fonte: adaptado da norma NBR 5419.

O número médio anual de eventos perigosos devido a descargas atmosféricas próximas à linha pode ser obtido por meio da equação:

$$N_I = N_G \times A_I \times C_I \times C_E \times C_T \times 10^{-6}$$ **(Equação 4.8)**

Em que:

**$N_I$:** número de sobretensões de amplitude não inferior a 1 kV (1/ano) na seção da linha;

**$N_G$:** densidade de descargas atmosféricas para a terra (1/km$^2$ × ano);

**$A_I$:** área de exposição equivalente da descarga atmosférica para a terra, próximo da linha, expressa em m$^2$, e pode ser calculada a partir do comprimento da seção da linha ($L_L$), em metros, cujo valor é fixado em 1.000, quando não for possível medi-lo;

**$C_I$:** fator de instalação de linha, obtido a partir da Tabela 4.3, de acordo com o tipo de roteamento da linha, a qual que teve seu fator tipo de linha ($C_T$) determinado na Tabela 4.2;

**$C_E$:** fator ambiental da linha (ver Tabela 4.4).

## 4.5 Avaliação da Probabilidade $P_X$ de Danos

A probabilidade de dano, denominada inicialmente de $P_x$, é afetada pelas características da estrutura a ser protegida, das linhas elétricas e de sinal conectados à edificação, bem como das medidas de proteção existentes.

Nessa análise, deve-se considerar:

a) o nível de proteção contra descargas atmosféricas instalado ou projetado;

b) as medidas de proteção adicionais para redução das tensões de toque e passo;

c) a efetiva utilização de DPS;

d) as condições de blindagem das linhas de energia e telecomunicação;

e) os níveis de tensão suportáveis provocados por impulsos.

A seguir, você estudará as probabilidades e as respectivas equações.

## 4.5.1 Probabilidade $P_A$ de uma Descarga Atmosférica em uma Estrutura Causar Ferimentos a Seres Vivos por Meio de Choque Elétrico

O valor de $P_A$ é decorrente da probabilidade de choque a seres vivos resultante das tensões de passo e toque devido à descarga atmosférica em determinada estrutura. Depende do SPDA, bem como das medidas de proteção adicionais adotadas. Portanto:

$$P_A = P_{TA} \times P_B$$ **(Equação 4.9)**

Em que:

**$P_{TA}$:** depende das medidas de proteção adicionais adotadas contra tensões de toque e passo, de acordo com a Tabela 4.5;

**$P_B$:** depende do nível de proteção contra descargas atmosféricas (NP) para o qual foi projetado o SPDA, obtido na Tabela 4.6.

**Tabela 4.5** | Valores de $P_{TA}$ em função das medidas de proteção adicional

| Medida de proteção adicional | $P_{TA}$ |
|---|---|
| Nenhuma medida de proteção | 1 |
| Avisos de alerta | 0,1 |
| Isolação elétrica (por exemplo, de pelo menos 3 mm de polietileno reticulado das partes expostas – por exemplo, condutores de descida) | 0,01 |
| Equipotencialização efetiva do solo | 0,01 |
| Restrições físicas ou estrutura do edifício utilizada como subsistema de descida | 0 |

Fonte: adaptado da norma NBR 5419.

## 4.5.2 Probabilidade $P_B$ de uma Descarga Atmosférica em uma Estrutura Causar Danos Físicos

Os valores de probabilidade $P_B$ associados à possibilidade de ocorrer danos físicos devido à descarga atmosférica em determinada estrutura, com base no nível de proteção NP, são apresentados na Tabela 4.6.

**Tabela 4.6** | Valores de $P_B$ em função das medidas de proteção para reduzir danos físicos

| Característica da estrutura | Classe do SPDA | $P_B$ |
|---|---|---|
| Estrutura não protegida por SPDA | – | 1 |
| Estrutura protegida por SPDA | IV | 0,2 |
| | III | 0,1 |
| | II | 0,05 |
| | I | 0,02 |
| Estrutura dotada de subsistema de captação conforme SPDA classe I, com estrutura metálica contínua ou de concreto armado constituindo um subsistema de descida natural. | | 0,01 |
| Estrutura dotada de cobertura metálica e um subsistema de captação, constituído de componentes naturais, que resulta na proteção completa de qualquer instalação na cobertura contra descargas atmosféricas diretas e uma estrutura metálica contínua ou ainda em concreto armado, que funcione como um subsistema de descida natural. | | 0,001 |

Fonte: adaptado da norma NBR 5419.

### 4.5.3 Probabilidade $P_C$ de uma Descarga Atmosférica em uma Estrutura Causar Falhas a Sistemas Internos

A probabilidade $P_C$ de uma descarga atmosférica em uma estrutura causar falhas a sistemas internos está diretamente ligada à presença de sistemas coordenados de DPS. É obtida pela equação:

$$P_C = P_{SPD} \times C_{LD} \qquad \text{(Equação 4.10)}$$

Em que:

**$P_{SPD}$:** depende do nível de proteção contra descargas atmosféricas (NP) para o qual os DPS foram projetados e do sistema coordenado de DPS, conforme a ABNT NBR 5419-4. Os valores de $P_{SPD}$ podem ser obtidos com apoio da Tabela 4.7;

**$C_{LD}$:** representa o fator que depende das condições de blindagem, aterramento e isolamento da linha a qual o sistema interno está conectado, conforme a Tabela 4.8.

**Tabela 4.7** | Valores de $P_{SPD}$ em função do NP do DPS utilizado

| NP | $P_{SPD}$ |
|---|---|
| Nenhum sistema de DPS coordenado | 1 |
| III – IV | 0,05 |
| II | 0,02 |
| I | 0,01 |
| Nota 2 | 0,005 – 0,001 |

Nota 2: caso os DPS tenham características melhores de proteção (maior corrente nominal $I_N$, menor nível de proteção Up etc.) comparados com os requisitos definidos para NP I nos locais relevantes da instalação, os valores de $P_{SPD}$ podem ser reduzidos.

Fonte: norma NBR 5419.

**Tabela 4.8** | Valores de $C_{LD}$ e $C_{LI}$ em função das condições de blindagem, isolamento e aterramento

| Tipo de linha externa | Conexão na entrada | $C_{LD}$ | $C_{LI}$ |
|---|---|---|---|
| Linha aérea não blindada | Indefinida | 1 | 1 |
| Linha enterrada não blindada | Indefinida | 1 | 1 |
| Linha de energia com neutro multiaterrado | Nenhuma | 1 | 0,2 |
| Linha enterrada blindada (energia ou sinal) | Blindagem não interligada ao mesmo barramento de equipotencialização que o equipamento | 1 | 0,3 |
| Linha aérea blindada (energia ou sinal) | Blindagem não interligada ao mesmo barramento de equipotencialização que o equipamento | 1 | 0,1 |
| Linha enterrada blindada (energia ou sinal) | Blindagem não interligada ao mesmo barramento de equipotencialização que o equipamento | 1 | 0 |
| Linha aérea blindada (energia ou sinal) | Blindagem interligada ao mesmo barramento de equipotencialização que o equipamento | 1 | 0 |
| Cabo protegido contra descargas atmosféricas ou cabeamento em dutos para cabos protegidos contra descargas atmosféricas, eletrodutos metálicos ou tubos metálicos | Blindagem interligada ao mesmo barramento de equipotencialização que o equipamento | 0 | 0 |
| Nenhuma linha externa | Sem conexão com linhas externas (sistemas independentes) | 0 | 0 |
| Qualquer tipo | Interfaces isolantes de acordo com ABNT NBR 5419-4 | 0 | 0 |

Fonte: norma NBR 5419.

### 4.5.4 Probabilidade $P_M$ de uma Descarga Atmosférica Próxima de uma Estrutura Causar Falha em Sistemas Internos

A probabilidade $P_M$, possibilidade de falhas de sistemas internos por meio de descargas próximas da linha conectada, está diretamente relacionada com as medidas de proteção contra surtos (MPS) adotadas. Portanto, quando estiver implantado o sistema coordenado de DPS, conforme os requisitos de ABNT NBR 5419:4, o valor de $P_M$ pode ser obtido de acordo com a seguinte equação:

$$P_M = P_{SPD} \times P_{MS} \quad \text{(Equação 4.11)}$$

Vale destacar que, nas situações em que um sistema coordenado de DPS, conforme os requisitos da ABNT NBR 5149:4 não for instalado, o valor de $P_M$ deverá ser igual ao valor de $P_{MS}$.

O fator $P_{SPD}$ foi definido anteriormente, e tem seus valores apresentados na Tabela 4.7. O fator $P_{MS}$ é obtido considerando-se quatro fatores:

$$P_{MS} = (K_{S1} \times K_{S2} \times K_{S3} \times K_{S4})^2 \quad \text{(Equação 4.12)}$$

Em que:

**$K_{S1}$:** considera a eficiência da blindagem do SPDA, da malha da estrutura ou outra blindagem na região ZPR 0/1;

**$K_{S2}$:** considera a eficiência da blindagem da malha de blindagem interna a estrutura na região ZPR X/Y ($X > 0, Y > 1$);

**$K_{S3}$:** considera as características da fiação interna (ver Tabela 4.9);

**$K_{S4}$:** considera a tensão suportável de impulso do sistema a ser protegido.

Dentro de uma ZPR, $K_{S1}$ e $K_{S2}$, cujos valores máximos são limitados a 1, podem ser calculados a partir da largura da malha $w_m$. Os fatores $K_{S1}$ e $K_{S2}$ para SPDA ou blindagem tipo malha especial podem ser avaliados por meio de:

$$K_{S1} = 0,12 \times w_{m1}$$ **(Equação 4.13)**

$$K_{S2} = 0,12 \times w_{m2}$$ **(Equação 4.14)**

em que $w_{m1}$ e $w_{m2}$ representam as larguras da blindagem em forma de grade, ou dos condutores de descida do SPDA tipo malha, ou, ainda, a distância entre as colunas metálicas da estrutura ou o espaçamento entre as estruturas de concreto armado, atuando como um SPDA natural.

Para blindagens metálicas contínuas com espessuras superiores a 0,1 mm, $K_{S1} = K_{S2} = 0,0001$.

Os valores para $K_{S3}$ são dados a partir da Tabela 4.9.

**Tabela 4.9** | Valores de $K_{S3}$ em função da fiação interna

| Tipo de fiação interna | $K_{S3}$ |
|---|---|
| Cabo não blindado – sem preocupação no roteamento no sentido de evitar laços* | 1 |
| Cabo não blindado – preocupação no roteamento no sentido de evitar grandes laços** | 0,2 |
| Cabo não blindado - preocupação no roteamento no sentido de evitar laços*** | 0,01 |
| Cabos blindados e cabos instalados em eletrodutos metálicos**** | 0,0001 |

* Condutores em laços com diferentes roteamentos em grandes edifícios (área do laço da ordem de 50 m$^2$).

** Condutores em laços roteados em um mesmo eletroduto ou condutores em laço com diferentes roteamentos em edifícios pequenos (área do laço da ordem de 10 m$^2$).

*** Condutores em laço roteados em um mesmo cabo (área do laço da ordem de 0,5 m$^2$).

**** Blindados e eletrodutos metálicos interligados a um barramento de equipotencialização em ambas as extremidades e equipamentos estão conectados no mesmo barramento equipotencialização.

Fonte: adaptado da norma NBR 5419.

De maneira idêntica aos três fatores anteriores, $K_{S4}$ também tem seu valor máximo limitado a 1 e pode ser calculado por meio de:

$$K_{S4} = \frac{1}{Uw}$$ **(Equação 4.15)**

Em que:

**$U_w$:** tensão suportável nominal de impulso do sistema a ser protegido, expresso em kV.

### 4.5.5 Probabilidade PU de uma Descarga Atmosférica em uma Linha Resultar em Ferimentos a Seres Vivos por Choque Elétrico

A probabilidade $P_U$ de ferimentos em seres vivos causados por choque elétrico, por meio de descargas atmosféricas em linhas que adentram a estrutura, depende das características de blindagem da linha; da tensão suportável de impulso dos sistemas internos conectados à linha; das medidas de proteção, como restrições físicas, avisos de alerta e interfaces isolantes; ou DPS empregados para equipotencialização da entrada da linha, de acordo com a ABNT NBR 5149-3.

O valor é dado por:

$$P_U = P_{TU} \times P_{EB} \times P_{LD} \times C_{LD} \quad \text{(Equação 4.16)}$$

Em que:

**$P_{TU}$:** depende das medidas de proteção contra tensões de toque, como restrições físicas ou avisos em forma de alerta, dispostos de maneira visível. A Tabela 4.10 apresenta os valores de $P_{TU}$;

**$P_{EB}$:** depende das ligações equipotenciais para descargas atmosféricas (EB) conforme a ABNT NBR 5149-3:2015 e do nível de proteção (NP) para o qual o DPS foi projetado. Valores de $P_{EB}$ constam da Tabela 4.11;

**$P_{LD}$:** representa a probabilidade de falha elétrica de sistemas internos decorrentes de descarga atmosférica na linha conectada, observando-se ainda as características da linha envolvida. Valores de $P_{LD}$ constam da Tabela 4.12;

**$C_{LD}$:** depende da blindagem, aterramento e condições de isolação da linha. Valores de $C_{LD}$ constam da Tabela 4.8.

**Tabela 4.10** | Valores de $P_{TU}$ em função das medidas de proteção

| Medidas de proteção | $P_{TU}$ |
|---|---|
| Nenhuma medida de proteção | 1 |
| Avisos visíveis de alerta | 0,1 |
| Isolação elétrica | 0,01 |
| Restrições físicas | 0 |

Fonte: adaptado da norma NBR 5419.

Vale destacar que, se for adotada mais de uma medida, o valor de $P_{TU}$ será o produto dos valores correspondentes.

**Tabela 4.11** | Valores de $P_{EB}$ em função do NP do DPS utilizado

| Nível de proteção | $P_{EB}$ |
|---|---|
| Sem DPS | 1 |
| III – IV | 0,05 |
| II | 0,02 |
| I | 0,01 |
| Nota * | 0,005 – 0,001 |

* Caso os DPS tenham melhores características de proteção (correntes nominais maiores $I_N$, níveis de proteção menores $U_p$ etc.) comparadas com os requisitos definidos para NP I nos locais relevantes da instalação os valores de $P_{EB}$ podem ser reduzidos.

Fonte: adaptado da norma NBR 5419.

**Tabela 4.12** | Valores de $P_{LD}$ em função da resistência da blindagem do cabo $R_S$ e da tensão suportável de impulso $U_W$ do equipamento

| Tipo da linha | Condições de roteamento, blindagem e interligação | | Tensão suportável UW em kV | | | | |
|---|---|---|---|---|---|---|---|
| | | | 1 | 1,5 | 2,5 | 4 | 6 |
| Linhas de energia ou sinal | Linha aérea ou enterrada, não blindada ou com a blindagem não interligada ao mesmo barramento de equipotencialização do equipamento | | 1 | 1 | 1 | 1 | 1 |
| | Blindada aérea ou enterrada cuja blindagem está interligada ao mesmo barramento de equipotencialização do equipamento | 5 Ω/km < RS ≤ 20 Ω/km | 1 | 1 | 0,95 | 0,9 | 0,8 |
| | | 1 Ω/km < RS ≤ 5 Ω/km | 0,9 | 0,8 | 0,6 | 0,3 | 0,1 |
| | | RS ≤ 1 Ω/km | 0,6 | 0,4 | 0,2 | 0,04 | 0,02 |

Fonte: adaptado da norma NBR 5419.

## 4.5.6 Probabilidade $P_V$ de uma Descarga Atmosférica em uma Linha Causar Danos Físicos

O valor da probabilidade $P_V$ de danos físicos devido à descarga atmosférica em uma linha que adentra a estrutura depende das características da blindagem da linha, da tensão suportável de impulso dos sistemas internos conectados à linha e das interfaces isolantes ou dos DPS instalados para equipotencializar a entrada da linha de acordo com a ABNT NBR 5149-3. O valor de $P_V$ é assim obtido:

$$P_V = P_{EB} \times P_{LD} \times C_{LD} \quad \text{(Equação 4.17)}$$

Todos os fatores utilizados nessa equação foram apresentados nas Tabelas 4.8, 4.11 e 4.12.

## 4.5.7 Probabilidade $P_W$ de uma Descarga Atmosférica em uma Linha Causar Falha de Sistemas Internos

A fórmula de $P_W$, probabilidade de falhas de sistemas internos por descargas atmosféricas na linha conectada, é dada a seguir:

$$P_W = P_{SPD} \times P_{LD} \times C_{LD} \quad \text{(Equação 4.18)}$$

Assim, com base nas Tabelas 4.7, 4.8 e 4.12, é possível obter os três valores necessários para se chegar ao resultado.

## 4.5.8 Probabilidade $P_Z$ de uma Descarga Atmosférica Perto de uma Linha que Entra na Estrutura Causar Falha dos Sistemas Internos

A equação que determina o valor de $P_Z$, probabilidade de falhas de sistemas internos por descargas atmosféricas próximo da linha conectada, é:

$$P_Z = P_{SPD} \times P_{LI} \times C_{LI} \quad \text{(Equação 4.19)}$$

Em que:

**$P_{LI}$:** probabilidade de falha de sistema interno devido a uma descarga atmosférica próxima de uma linha conectada em função das características da linha e dos equipamentos.

A Tabela 4.13 mostra Valores de $P_{LI}$.

**Tabela 4.13** | Valores de $P_{LI}$ em função do tipo de linha e da tensão suportável de impulso $U_W$ dos equipamentos

| Tipo da linha | Tensão suportável $U_W$ em kV | | | | |
|---|---|---|---|---|---|
| | 1 | 1,5 | 2,5 | 4 | 6 |
| Linhas de energia | 1 | 0,6 | 0,3 | 0,16 | 0,1 |
| Linhas de sinais | 1 | 0,5 | 0,2 | 0,08 | 0,04 |

Fonte: adaptado da norma NBR 5419.

# Perdas Causadas por Descargas Atmosféricas

5

## 5.1 Quantidade Relativa Média de Perda por Evento Perigoso

De acordo com a NBR 5419:2015, a perda está relacionada com cada tipo de dano (D1, D2, D3), os quais podem ser causados por uma descarga atmosférica. Dessa forma, temos os seguintes tipos de perda:

a) **L1 (perda de vida humana, incluindo ferimentos permanentes):** representa o número de vítimas.

b) **L2 (perda de serviço público):** representa o número de usuários que deixam de ser atendidos.

c) **L3 (perda de patrimônio cultural):** representa o valor econômico que pode ser perdido se houver danos em uma estrutura e no que está contido nela.

d) **L4 (perda de valores econômicos):** representa o valor econômico que pode ser perdido se houver danos na estrutura, incluindo as atividades desenvolvidas, mobiliários, sistemas internos e animais.

## 5.2 Perda de Vida Humana (L1)

A perda L1 é calculada para danos que envolvem vidas humanas por meio das equações indicadas na Tabela 5.1. A maioria dos fatores utilizados é tabelada, a não ser $n_z$, $n_t$ e $t_z$, que correspondem ao número de pessoas na zona, número total de pessoas na estrutura e o tempo (em horas × ano) que as pessoas habitam a zona, respectivamente.

**Tabela 5.1** | Perda – L1 valores de perda típica para cada zona

| Tipo de dano | Perda típica |
|---|---|
| D1 | $L_A = L_U = r_t \times L_T \times n_z/n_t \times t_z/8760$ |
| D2 | $L_B = L_V = r_p \times r_f \times h_z \times L_F \times n_z/n_t \times t_z/8760$ |
| D3 | $L_C = L_M = L_W = L_Z = L_O \times n_z/n_t \times t_z/8760$ |

Fonte: adaptado da norma NBR 5419.

Em que:

$L_T$: número relativo médio típico de vítimas com ferimentos provocados por choque elétrico (D1) devido a um evento perigoso (ver Tabela 5.2);

**$L_F$:** número relativo médio típico de vítimas acometidas de danos físicos (D2) em razão de um um evento perigoso (ver Tabela 5.2);

**$L_O$:** número relativo médio típico de vítimas em decorrência de falhas de sistemas internos (D3) por conta de um evento perigoso (ver Tabela 5.2);

**$r_t$:** fator de redução da perda de vida humana dependendo do tipo de solo ou piso (ver Tabela 5.3);

**$r_p$:** fator de redução da perda devido a danos físicos em função das providências tomadas para reduzir as consequências do incêndio (ver Tabela 5.1);

**$r_f$:** fator de redução da perda por conta de danos físicos, dependendo do risco de incêndio ou do risco de explosão da estrutura (ver Tabela 5.5);

**$h_z$:** fator de aumento da perda provocada por danos físicos, considerando a presença de um perigo especial (ver Tabela 5.6);

**$n_z$:** número de pessoas na zona;

**$n_t$:** número total de pessoas dentro da estrutura;

**$t_z$:** intervalo de tempo durante o qual as pessoas estão presentes na zona, expresso em horas × ano.

**Tabela 5.2** | Perda L1 – valores médios típicos de $L_T$, $L_F$ e $L_O$

| Tipo de estrutura | Valor de perda típico | | Tipos de danos |
|---|---|---|---|
| Todos os tipos | $L_T$ | 0,01 | D1 Ferimentos |
| Risco de explosão | $L_F$ | 0,1 | D2 Danos físicos |
| Hospital, hotel, escola, edifício cívico | | 0,1 | |
| Entretenimento público, igreja, museu | | 0,05 | |
| Industrial, comercial | | 0,02 | |
| Outros | | 0,01 | |
| Risco de explosão | $L_O$ | 0,1 | D3 Falhas de sistemas internos |
| Unidade de terapia intensiva e bloco cirúrgico de hospital | | 0,01 | |
| Outras partes de hospital | | 0,001 | |

Fonte: adaptado da norma NBR 5419.

**Tabela 5.3** | Fator de redução $r_t$ em função do tipo de solo ou piso

| Tipo de superfície[1] | Resistência de contato kΩ[2] | $r_t$ |
|---|---|---|
| Agricultura, concreto | ≤ 1 | 0,01 |
| Mármore, cerâmica | 1 a 10 | 0,001 |
| Cascalho, tapete, carpete | 10 a 100 | 0,0001 |
| Asfalto, linóleo, madeira | ≥ 100 | 0,00001 |

[1] Normalmente, a redução do perigo a níveis toleráveis ocorre com a aplicação de uma camada de material isolante, por exemplo, asfalto de 5 cm de espessura ou uma camada de cascalho de 15 cm de espessura.

[2] Obtido por meio da medição entre um eletrodo de 400 $cm^2$ comprimido com uma força uniforme de 500 N e um ponto considerado no infinito.

Fonte: adaptado da norma NBR 5419.

**Tabela 5.4** | Fator de redução $r_p$ em função das providências tomadas para reduzir as consequências de um incêndio

| Providências | $r_p$ |
|---|---|
| Instalações fixas operadas automaticamente, instalações de alarme automático[1] | 0,2 |
| Extintores, instalações fixas operadas manualmente, instalações de alarme manuais, hidrantes, compartimentos a prova de fogo, rotas de escape | 0,5 |
| Nenhuma providência | 1,0 |

[1] Válida somente se protegidas contra sobretensões e outros danos. Considera-se ainda que os bombeiros possam chegar em menos de 10 minutos.

Fonte: adaptado da norma NBR 5419.

**Tabela 5.5** | Fator de redução $r_f$ em função do risco de incêndio ou explosão na estrutura

| Quantidade de risco | Risco | $r_f$ |
|---|---|---|
| Zonas 0, 20 e explosivos sólidos | Explosão | 1 |
| Zonas 1, 21 | | 0,1 |
| Zonas 2, 22 | | 0,001 |
| Alto | Incêndio | 0,1 |
| Normal | | 0,01 |
| Baixo | | 0,001 |
| Nenhum | Explosão ou incêndio | 0 |

Fonte: adaptado da norma NBR 5419.

Tabela 5.6 | Fator $h_z$ aumentando a quantidade relativa de perda na presença de um perigo especial

| Tipo de perigo especial | $h_z$ |
|---|---|
| Nenhum perigo especial | 1 |
| Baixo nível de pânico (por exemplo, número de pessoas inferior a 100 em estrutura limitada a dois andares) | 2 |
| Nível médio de pânico (por exemplo, número de pessoas entre 100 e 1.000 em locais destinados a eventos esportivos ou culturais) | 5 |
| Dificuldade de evacuação (a exemplo de hospitais ou outros locais com pessoas imobilizadas) | 5 |
| Alto nível de pânico (a exemplo de locais destinados a eventos esportivos ou culturais em que o número de participantes é superior a 1.000 pessoas) | 10 |

Fonte: adaptado da norma NBR 5419.

## 5.3 Perda Inaceitável de Serviço ao Público (L2)

A perda de serviço ao público é afetada pelas características das zonas da estrutura. Dessa forma, o dano D1, que corresponde a ferimentos aos seres humanos devido a choques elétricos, não é considerado. Assim, apenas os danos D2 (danos físicos em função dos efeitos das correntes de descargas atmosféricas) e D3 (falha em sistemas internos) serão computados, como mostra a Tabela 5.7.

Tabela 5.7 | Perda L2 – valores de perda para cada zona

| Tipo de dano | Perda típica |
|---|---|
| D2 | $L_B = L_V = r_p \times r_f \times L_F \times n_z/n_t$ |
| D3 | $L_C = L_M = L_W = L_Z = L_O \times n_z/n_t$ |

Fonte: adaptado da norma NBR 5419.

Em que:

**$L_F$:** número relativo médio típico de usuários não servidos, resultante do dano físico (D2) em função de um evento perigoso (ver Tabela 5.8);

**$L_O$:** número relativo médio típico de usuários não servidos, resultante da falha de sistemas internos (D3) em função de um evento perigoso (ver Tabela 5.8);

**$r_p$:** fator de redução da perda devido a danos físicos em função das providências adotadas para reduzir as consequências do incêndio (ver Tabela 5.4);

**$r_f$:** fator de redução da perda em razão dos danos físicos atribuídos ao risco de incêndio (ver Tabela 5.5);

**$n_z$:** número de usuários servidos pela zona;

**$n_t$:** número total de usuários servidos pela estrutura.

**Tabela 5.8** | Tipo de perda L2 – valores médios típicos de $L_F$ e $L_O$

| Tipo de serviço | Tipo de dano | Valor da perda típica | |
|---|---|---|---|
| Gás, água, fornecimento de energia | D2<br>Danos físicos | $L_F$ | 0,1 |
| TV, linhas de sinais | | | 0,01 |
| Gás, água, fornecimento de energia | D3<br>Falhas de sistemas internos | $L_O$ | 0,01 |
| TV, linhas de sinais | | | 0,001 |

Fonte: adaptado da norma NBR 5419.

## 5.4 Perda Inaceitável de Patrimônio Cultural (L3)

As características e as peculiaridades da zona influenciam na perda de patrimônio cultural. Dessa forma, será considerado presente apenas o dano D2, bem como os fatores de redução ($r_f$, $r_p$). O valor máximo da perda devido a danos deve ser reduzido por meio da relação entre o valor ($C_Z$) da zona e o valor total ($C_t$) da estrutura, considerando a edificação e o respectivo conteúdo. Observe a Tabela 5.9.

**Tabela 5.9** | Tipo de perda L3 – valores de perda para cada zona

| Tipo de dano | Valor típico da perda |
|---|---|
| D2<br>Danos físicos | $L_B = L_V = r_p \times r_f \times L_F \times c_z/c_t$ |

Fonte: adaptado da norma NBR 5419.

Em que:

**$L_F$:** número relativo médio típico de todos os valores atingidos pelos danos físicos (D2) em função de um evento perigoso (ver Tabela 5.10);

**$r_p$:** fator de redução da perda devido a danos físicos. Depende das providências adotadas para reduzir as consequências do incêndio (ver Tabela 5.4);

$r_f$: fator de redução da perda devido a danos físicos em função do risco de incêndio (ver Tabela 5.5);

$c_z$: patrimônio cultural da zona;

$c_t$: valor total da edificação e o respectivo conteúdo da estrutura.

**Tabela 5.10** | Tipo de perda L3 – valor médio típico de $L_F$

| Tipo de dano | Valor típico da perda | | Tipo de estrutura ou zona |
|---|---|---|---|
| D2<br>Danos físicos | $L_F$ | 0,1 | Museus, galerias |

Fonte: adaptado da norma NBR 5419.

## 5.5 Perda Econômica (L4)

A perda econômica considera todos os tipos de danos (D1, D2 e D3), os quais possuem diferentes perdas típicas, conforme mostra a Tabela 5.11.

**Tabela 5.11** | Tipo de perda L4 – valores de perda para cada zona

| Tipos de danos | Perda típica |
|---|---|
| D1 | $L_A = r_t \times L_T \times c_a/c_t$ |
| D1 | $L_U = r_t \times L_T \times c_a/c_t$ |
| D2 | $L_B = L_V = r_p \times r_f \times L_F \times (c_a + c_b + c_c + c_s) / c_t$ |
| D3 | $L_C = L_M = L_W = L_Z = L_O \times c_s / c_t$ |

Fonte: adaptado da norma NBR 5419.

Em que:

$L_T$: número relativo médio típico considerando os valores afetados por choque elétrico (D1) em função de um evento perigoso (ver Tabela 5.12);

$L_F$: número relativo médio típico considerando os valores afetados por danos físicos (D2) em razão de um evento perigoso (ver Tabela 5.12);

$L_O$: número relativo médio típico dos valores afetados pela falha de sistemas internos (D3) devido a um evento perigoso (ver Tabela 5.12);

**$r_t$:** fator de redução da perda de animais em função do tipo de solo ou piso (ver Tabela 5.3);

**$r_p$:** fator de redução da perda por conta de danos físicos associado às providências adotadas para reduzir as consequências do incêndio (ver Tabela 5.4);

**$r_f$:** fator de redução da perda devido a danos físicos, considerando o risco de incêndio ou do risco de explosão da estrutura (ver Tabela 5.5);

**$c_a$:** valor dos animais da zona;

**$c_b$:** valor da edificação relevante à zona;

**$c_c$:** valor do conteúdo da zona;

**$c_s$:** valor dos sistemas internos, incluindo suas atividades na zona;

**$c_t$:** valor da estrutura (considera a soma, de todas as zonas, o conteúdo e sistemas internos incluindo suas atividades, edificação e animais).

**Tabela 5.12** | Tipo de perda L4 – valores médios típicos de $L_T$, $L_F$ e $L_O$

| Tipo de estrutura | Tipos de danos | Valor de perda típico | |
|---|---|---|---|
| Todos os tipos somente onde animais estão presentes | D1 Ferimento devido à choque | $L_T$ | $10^{-2}$ |
| Risco de explosão | D2 Danos físicos | $L_F$ | 1 |
| Hospital, industrial, museu, agricultura | | | 0,5 |
| Hotel, escola, escritório, igreja, entretenimento público, comercial | | | 0,2 |
| Outros | | | $10^{-1}$ |
| Risco de explosão | D3 Falha de sistemas internos | $L_O$ | $10^{-1}$ |
| Hospital, industrial, escritório, hotel, comercial | | | $10^{-2}$ |
| Museu, agricultura, escola, igreja, entretenimento público | | | $10^{-3}$ |
| Outros | | | $10^{-4}$ |

Fonte: adaptado da norma NBR 5419.

# Proteção Externa contra Descargas Atmosféricas

6

## 6.1 Classe do SPDA

As características do SPDA estão diretamente ligadas aos níveis de proteção e aos dados da estrutura na qual o SPDA será instalado. As possíveis classes do SPDA estão relacionadas aos níveis de proteção, como mostra a Tabela 6.1.

**Tabela 6.1** | Relação entre níveis de proteção para descargas atmosféricas e classe de SPDA

| Nível de proteção | Classe do SPDA |
|---|---|
| I | I |
| II | II |
| III | III |
| IV | IV |

Fonte: norma NBR 5419:3 (Tabela 1).

A classe do SPDA deve ser selecionada de acordo com a avaliação de risco estabelecida por meio da ABNT NBR 5419-2:2015. Os parâmetros que dependem da escolha da classe são:

- parâmetros da descarga atmosférica;
- raio da esfera no método da esfera rolante;
- tamanho da malha;
- ângulo de proteção;
- distância típica entre os condutores de descida e os condutores em anel;
- distância de segurança contra centelhamento perigoso;
- comprimento mínimo dos eletrodos de terra.

## 6.2 Continuidade da Armadura de Aço em Estruturas de Concreto Armado

O SPDA deve ser executado com base em projeto cuja documentação assegure a correta e completa instalação do sistema. A maioria das edificações é dotada de elementos estruturais em concreto, que são constituídos de armaduras de aço.

Quando se projeta um SPDA para uma estrutura, deve-se observar inicialmente se essa estrutura possui armadura eletricamente contínua dentro de uma estrutura de concreto armado, já que esta pode servir de condutor natural da corrente da descarga atmosférica (NBR 5419).

É considerada armadura eletricamente contínua quando pelo menos 50% das conexões entre barras horizontais e verticais estejam firmemente conectadas ou unidas por meio de solda, cintas, grampos, arame recozido, trespassadas com uma sobreposição mínima de 20 vezes o seu diâmetro.

A metodologia para verificação e medição da continuidade elétrica da armadura encontra-se no Apêndice A deste livro.

## 6.3 Sistema Externo de Proteção contra Descargas Atmosféricas

A finalidade do SPDA externo é conduzir para a terra as descargas atmosféricas que atingem diretamente a cobertura ou a lateral da estrutura. O SPDA externo também visa dispersar a corrente oriunda da descarga atmosférica sem causar centelhamentos, danos térmicos ou mecânicos, incêndios ou explosões.

Os materiais condutores que integram a estrutura e não podem ser modificados, a exemplo de vigamentos metálicos e a ferragem estrutural do concreto armado, podem ser utilizados como componentes naturais do SPDA, desde que atendam aos requisitos específicos.

Outros componentes metálicos que são participam diretamente da estrutura devem ser incorporados em complemento ao SPDA.

## 6.4 Subsistema de Captação

O subsistema de captação pode ser composto pela combinação de hastes, condutores suspensos e/ou condutores em malha.

O volume de proteção é determinado por meio do correto posicionamento dos elementos captores e do subsistema de captação.

É recomendado que os captores que contenham material radioativo sejam removidos das estruturas em conformidade com a Resolução CNEN nº 04/89 (o conteúdo encontra-se no Apêndice B desta obra).

Os componentes do subsistema de captação devem ser instalados nos cantos salientes e nas beiradas das estruturas, considerando-se um ou mais dos seguintes métodos:

a) Método do Ângulo de Proteção ou Método Franklin;

b) Método da Esfera Rolante;

c) Método das Malhas.

## 6.5 Método do Ângulo de Proteção ou Método de Franklin

Esse método é utilizado em estruturas dotadas de reduzida área horizontal e altura limitada, de acordo com a classe do SPDA a ser implementado. Deve oferecer uma proteção, que é efetivada por meio de um cone com vértice na extremidade superior do captor e cuja geratriz faça um ângulo α com a vertical, mostrado na Figura 6.1. Caso a área correspondente ao cone seja menor do que a área da edificação a ser protegida, mais de um captor deve ser instalado na edificação a fim de protegê-la em sua totalidade.

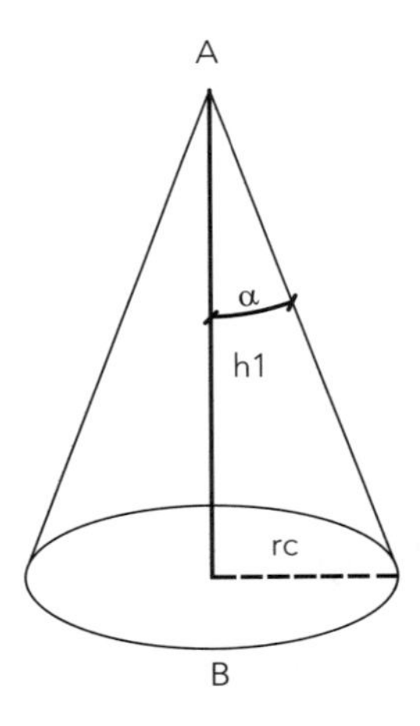


**Figura 6.1** | Cone correspondente ao Método do Ângulo de Proteção.

Em que:

**A:** topo do captor;

**B:** plano de referência;

**rc:** raio do cone;

**h1:** altura de um mastro acima do plano de referência;

**$\alpha$:** ângulo que varia de acordo com a classe do SPDA e altura (H) em questão.

É possível obter os valores dos ângulos $\alpha$ correspondentes a cada classe de SPDA, como mostrado no Gráfico 6.1, e assim aplicá-los no Método de Franklin.

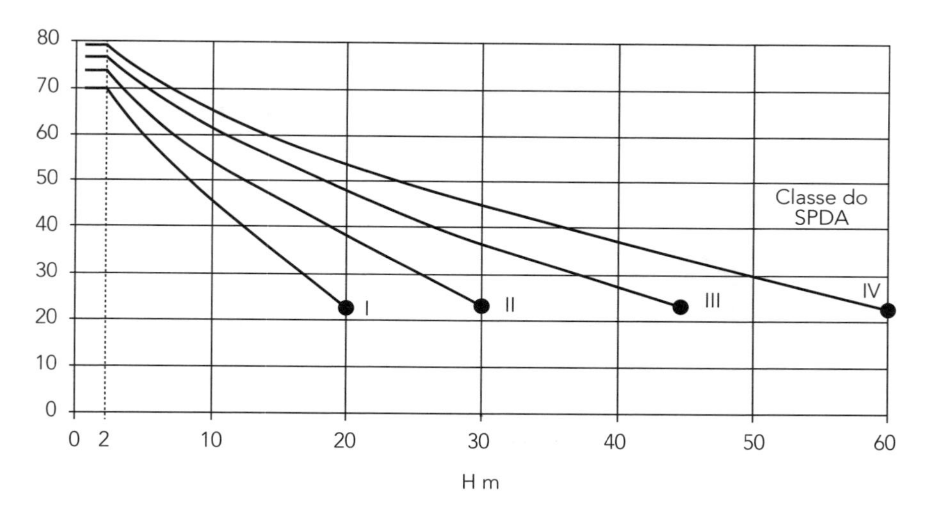


**Gráfico 6.1** | Ângulo de proteção de acordo com a classe do SPDA.
Fonte: adaptado da norma NBR 5419.

Cada uma das classes de SPDA está representada pelas curvas do Gráfico 6.1. O eixo horizontal corresponde à altura H do captor acima do plano de referência da área a ser protegida. O eixo vertical corresponde ao valor do ângulo $\alpha$, expresso em graus.

Vale destacar que para alturas (H) maiores do que os valores finais de cada curva são aplicáveis apenas os Métodos da Esfera Rolante ou o Método das Malhas.

## 6.6 Método da Esfera Rolante ou Método Eletrogeométrico

A Esfera Rolante constitui o método mais utilizado em estruturas com elevada altura ou formas arquitetônicas complexas. Esse método emprega uma esfera fictícia, que rola pela estrutura em todas as possíveis direções, conforme mostra a Figura 6.2. O posicionamento do subsistema de captação será considerado adequado quando a estrutura a ser protegida não for tocada em nenhum ponto pela esfera fictícia rolando ao redor e no topo da estrutura, excetuando-se o subsistema de captação.

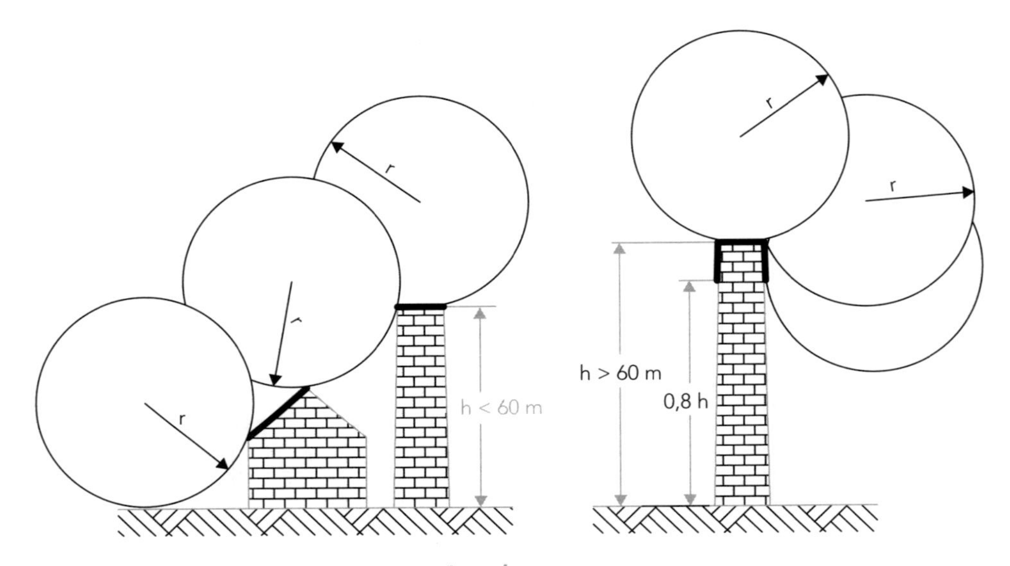


**Figura 6.2** | Método da Esfera Rolante.

Fonte: adaptado da norma NBR 5419.

O raio da esfera fictícia varia em função da classe do SPDA, conforme Tabela 6.2.

**Tabela 6.2** | Valores do raio da esfera rolante em função da classe do SPDA

| Classe do SPDA | Raio da esfera rolante (m) |
|---|---|
| I | 20 |
| II | 30 |
| III | 45 |
| IV | 60 |

Fonte: adaptado da norma NBR 5419.

O posicionamento do subsistema de captação lateral, na parte superior de uma estrutura, deve atender pelo menos aos requisitos para o nível de proteção IV. É importante que seja pensado levando em consideração localização dos elementos de captação em cantos, bordas e saliências significativas. Vale destacar que pessoas e equipamentos elétricos e eletrônicos expostos nas paredes externas das estruturas podem ser atingidos e sofrer danos pelas descargas atmosféricas, mesmo com baixos valores de pico de corrente.

A probabilidade de as descargas atmosféricas ocorrerem na lateral das estruturas de altura elevada, segundo estatísticas, aumenta consideravelmente em função da altura do ponto de impacto. Dessa forma, deve ser considerada a instalação de captação lateral da parte superior das estruturas com altura superior a 60 m, posicionada a 20% do topo da altura da estrutura.

## 6.7 Método das Malhas ou Método da Gaiola de Faraday

O Método das Malhas é indicado para estrutura com grande área horizontal, a exemplo de telhados horizontais e inclinados sem curvatura. Também é apropriado para proteção de superfícies laterais planas contra descargas atmosféricas laterais.

Consiste em uma malha captora composta de condutores espaçados entre si na distância correspondente ao nível de proteção, conforme mostra a Tabela 6.3.

**Tabela 6.3** | Valores do Método das Malhas de acordo com a classe do SPDA

| Classe do SPDA | Máximo afastamento dos condutores da malha (em metros) |
|---|---|
| I | 5 × 5 |
| II | 10 × 10 |
| III | 15 × 15 |
| IV | 20 × 20 |

Fonte: adaptado da norma NBR 5419.

De acordo com a norma NBR 5419-3:2015, alguns requisitos devem ser cumpridos:

a) Os captores e os condutores horizontais devem ser instalados:

- nas bordas (periferia) da cobertura da estrutura a ser protegida;
- nas saliências horizontais da cobertura e da estrutura a ser protegida.

b) Garantir que os componentes metálicos que não possam oferecer a condição de elemento captor fiquem fora do volume protegido pela malha do subsistema de captação.

c) O percurso dos condutores da malha deve ser o mais curto e retilíneo possível.

d) As dimensões de malha não podem exceder os valores dados na Tabela 6.3.

e) O subsistema de captação deve ser construído considerando que a corrente elétrica proveniente da descarga atmosférica sempre encontre, no mínimo, dois caminhos condutores distintos com o subsistema de aterramento.

## 6.7.1 Captores para Descargas Laterais

Pesquisas indicam que a probabilidade de descargas atmosféricas atingirem as estruturas lateralmente deve ser considerada para construções com mais de 60 m de altura, especialmente em pontas, cantos e saliências (como marquises e varandas).

A captação lateral pode ser feita com:

a) elementos metálicos externos que atendam aos valores mínimos, como mostra a Tabela 6.4;

b) condutores externos de descida localizados nas arestas verticais da estrutura, quando não houver condutores metálicos naturais externos.

**Tabela 6.4** | Espessura mínima de chapas metálicas ou tubulações metálicas em sistema de captação

| Classe do SPDA | Material | Espessura t (mm)[1] | Espessura t' (mm)[2] |
|---|---|---|---|
| I a IV | Chumbo | – | 2,0 |
| | Aço (inoxidável, galvanizado a quente) | 4 | 0,5 |
| | Titânio | 4 | 0,5 |
| | Cobre | 5 | 0,5 |
| | Alumínio | 7 | 0,65 |
| | Zinco | – | 0,7 |

[1] t previne perfuração, pontos quentes ou ignição.

[2] t' somente para chapas metálicas, se não for importante prevenir perfuração, pontos quentes ou problemas com a ignição.

Fonte: norma NBR 5419-3 (Tabela 3).

### 6.7.2 Construção do Subsistema de Captação

O subsistema de captação deve ser posicionado considerando o tipo de material com que compõe a cobertura da estrutura. Caso a cobertura seja de material não combustível, os condutores do subsistema de captação podem ser instalados diretamente na superfície da cobertura.

Se a cobertura é constituída de materiais combustíveis, o subsistema deve manter certa distância da superfície. Para o caso de coberturas feitas de palha ou sapê, sem a presença de barras de aço empregadas para a sustentação do material, a distância mínima recomendada é de 15 cm, enquanto para os demais materiais combustíveis o valor é de 10 cm.

Recomenda-se ainda que as partes altamente combustíveis da estrutura:

a) não permaneçam em contato direto com o SPDA externo;

b) não estejam localizadas abaixo de qualquer componente metálico que possa derreter, caso seja atingido por descarga atmosférica.

### 6.7.3 Componentes Naturais

Os seguintes materiais são considerados captores naturais e integrantes do SPDA:

a) chapas metálicas no topo da estrutura a ser protegida, desde que:

- não sejam revestidas com material isolante;
- a espessura da folha metálica ultrapasse os limites mínimos t, conforme a Tabela 6.4;
- a espessura da chapa metálica seja superior aos valores de t', conforme a Tabela 6.4;
- seja garantida a continuidade elétrica entre as partes, por meio de procedimento executivo duradouro (por exemplo, parafuso e porca).

b) as partes metálicas estejam instaladas permanentemente e integrem a estrutura (por exemplo, grades e coberturas de parapeitos);

c) os componentes metálicos da construção da cobertura, situadas abaixo de cobertura não metálica, possam ser excluídos do volume que deve ser protegido;

d) as tubulações metálicas e os tanques na cobertura, que tenham os valores especificados pela Tabela 6.4;

e) as tubulações metálicas e os tanques que possuam conteúdos combustíveis ou explosivos, desde que sejam feitos de materiais dotados de espessura superior ao valor de t conforme a Tabela 6.4.

Vale destacar que as tubulações metálicas que contêm misturas explosivas ou combustíveis não são consideradas componente captor natural. Caso disponham de componentes não metálicos, é necessário providenciar a apropriada equipotencialização do conjunto.

## 6.7.4 Subsistema de Descida

O subsistema de descida possui a finalidade de escoar a corrente gerada pela descarga atmosférica para o solo. Isso é feito por meio de diversos caminhos paralelos, com o menor comprimento possível para a corrente elétrica e, ainda, garantindo a equipotencialização das partes condutoras. O espaçamento entre os condutores de descida e entre os anéis condutores horizontais é apresentado na Tabela 6.5.

**Tabela 6.5** | Valores das distâncias entre os condutores de descida em função das classes do SPDA

| Classe do SPDA | Distância (m) |
|---|---|
| I | 10 |
| II | 10 |
| III | 15 |
| IV | 20 |

Observação: é aceitável que o espaçamento dos condutores de descida alcance até 20% além dos valores mencionados na tabela..

Fonte: adaptado da norma NBR 5419-3 (Tabela 4).

Nos condutores de descida construídos em SPDA convencional, para melhor distribuição das correntes de descarga atmosféricas, devem ser consideradas interligações horizontais entre os condutores de descida em intervalos entre 10 m e 20 m de altura, sem dispensar a interligação ao nível do solo.

## 6.7.5 Posicionamento

O posicionamento das descidas depende do tipo de SPDA: SPDA externo isolado ou SPDA externo não isolado.

O SPDA externo isolado da estrutura a ser protegida é aquele que dispõe dos subsistemas de captação e descida posicionados de tal forma que o caminho da corrente da descarga atmosférica não fique em contato com a estrutura a ser protegida.

No caso do SPDA externo não isolado da estrutura a ser protegida, o caminho da corrente da descarga atmosférica proveniente dos subsistemas de captação e descida está em contato com a estrutura a ser protegida.

## 6.7.6 Posicionamento para SPDA Externo Isolado

No SPDA externo isolado, as descidas devem ser posicionadas considerando a disposição e a metodologia empregada nos captores. Para os captores constituídos de condutores suspensos em catenária, deve ser instalado, no mínimo, um condutor de descida para cada estrutura suporte.

Quando os captores são constituídos de hastes fixadas em mastros separados, ou em mastros não metálicos e não conectados às armaduras da estrutura, é necessário um condutor de descida para cada mastro. Vale destacar que não há necessidade de condutor de descida para mastros metálicos ou interconectados às armaduras.

No caso da existência de sistema de captação constituído de uma rede de condutores, é necessário ao menos um condutor de descida em cada suporte de terminação dos condutores.

## 6.7.7 Posicionamento para SPDA Externo Não Isolado

A quantidade mínima de condutores de descida para SPDA não isolado deve ser superior a duas, mesmo que o número apurado no cálculo do perímetro dividido pelo espaçamento para o correspondente nível resultar em um valor menor. O posicionamento dos condutores de descida deve considerar o espaçamento mais uniforme possível. As distâncias entre os condutores de descidas foram dadas na Tabela 6.5.

## 6.8 Divisão da Corrente da Descarga Atmosférica entre os Condutores de Descida

A divisão da corrente de descarga atmosférica entre os condutores de descida é dada pelo coeficiente $K_c$, o qual está diretamente ligado ao número total de condutores de descida e suas respectivas posições, número dos condutores em anel de interligação, tipos de subsistemas de captação e aterramento. Observe a Tabela 6.6 e as Figuras 6.3 e 6.4.

**Tabela 6.6** | Valores do coeficiente $K_c$

| Tipos de captores | Número de condutores de descida (n) | $K_c$ Arranjo de aterramento em anel |
|---|---|---|
| Haste simples | 1 | 1 |
| Fio | 2 | 0,5 ... 1[1] |
| Malha | 4 e mais | 0,25 ... 0,5[2] |
| Malha | 4 e mais, conectadas por condutores horizontais em anel | 1/n ... 0,5[3] |

[1] Faixa de valores de $K_c = 0,5$ em que $c < h$ a $K_c = 1$ com $h < c$.

[2] A equação para $K_c$, de acordo com a Figura 6.4, é uma aproximação para estruturas em forma de cubo e $n \geq 4$. Os valores de h, cs e cd são fixados na faixa de 5 m a 20 m.

[3] Se os condutores de descida são conectados por condutores em anel, a distribuição de corrente é mais homogênea nas partes mais baixas do sistema de descidas e $K_c$ é ainda mais reduzido. Isso é especialmente válido para estruturas altas.

Fonte: norma NBR 5419-3 (Tabela C.1).

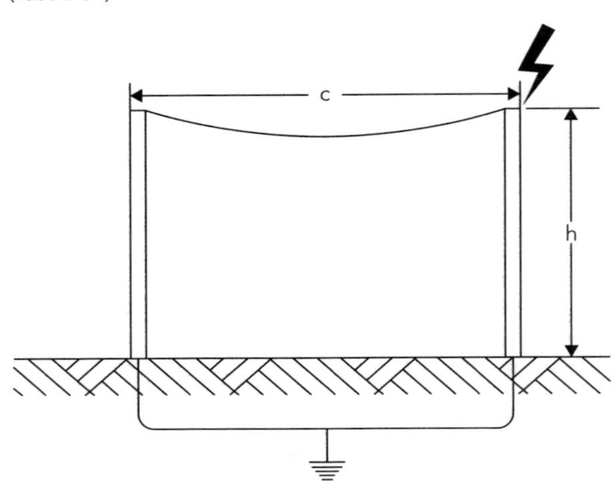


**Figura 6.3** | Subsistema de captores a um fio e um subsistema de aterramento em anel.

Fonte: adaptado da norma NBR 5419.

A equação para obter o valor de Kc, no caso de subsistema de captores a um fio e um subsistema de aterramento em anel é:

$$Kc = \frac{h + c}{2h + c}$$ **(Equação 6.1)**

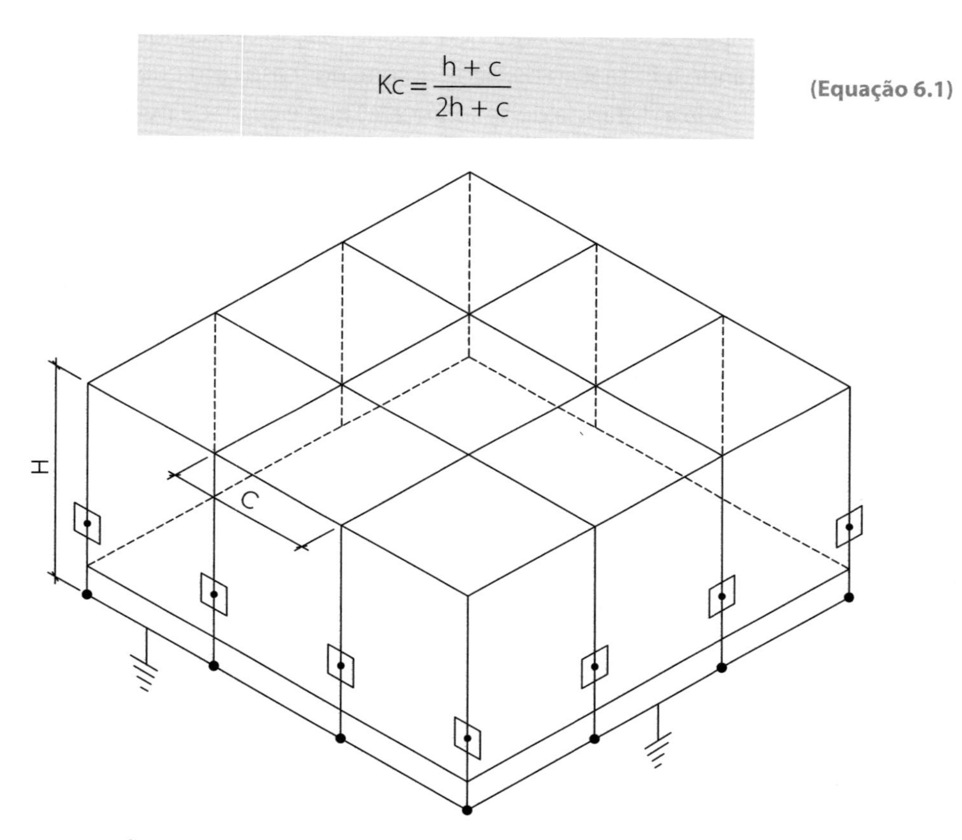


**Figura 6.4** | Caso de subsistema de captores em malha e sistema de aterramento em anel.
Fonte: adaptado da norma NBR 5419.

A equação para obter $K_c$ no caso de subsistema de captores em malha e sistema de aterramento em anel descrito é:

$$K_c = \frac{1}{2n} + 0,1 + 0,2 \times 3\sqrt{\frac{c}{h}}$$ **(Equação 6.2)**

Em que:

**n:** número total de condutores de descidas;

**h:** espaçamento (ou altura) entre os condutores em anel;

**c:** distância de um condutor de descida ao próximo condutor de descida.

## 6.9 Construção

Os condutores de descida devem ser instalados de maneira que tenham o caminho mais curto e direto para a terra, constituindo a continuação dos condutores do sistema de captação e evitando a formação de laços. Porém, nos casos em que isso não for possível, deve ser calculada a distância de segurança "s", que é ilustrada pela Figura 6.5.

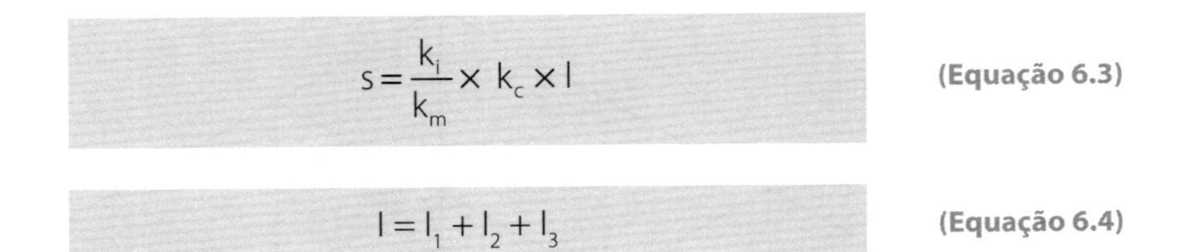

$$s = \frac{k_i}{k_m} \times k_c \times l \qquad \textbf{(Equação 6.3)}$$

$$l = l_1 + l_2 + l_3 \qquad \textbf{(Equação 6.4)}$$

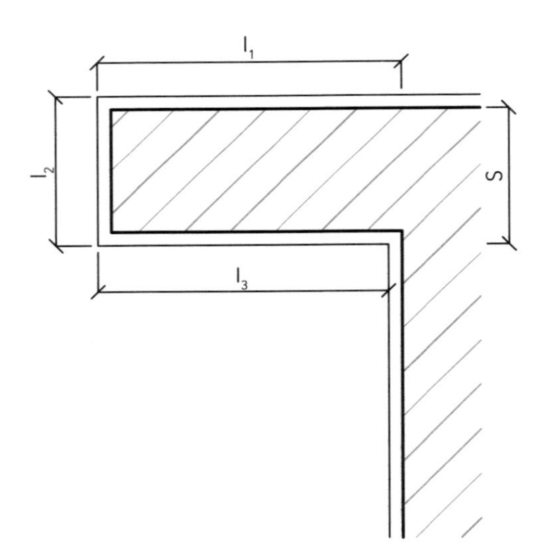


**Figura 6.5** | Laço em condutor de descida.

Fonte: adaptado da norma NBR 5419.

Em que:

**$K_i$:** depende do nível de proteção escolhido para o SPDA;

**$K_c$:** depende da corrente de descarga atmosférica pelos condutores de descida;

**$K_m$:** depende do material isolante;

**l:** é o comprimento, expresso em metros, ao longo do subsistema de captação ou descida, desde o ponto onde a distância de segurança deve ser considerada até a equipotencialização mais próxima.

Os parâmetros $K_i$, $K_m$ e $K_c$ são obtidos de acordo com as Tabelas 6.7 a 6.9, respectivamente.

**Tabela 6.7** | Valores do coeficiente $K_i$

| Nível de proteção do SPDA | $K_i$ |
|---|---|
| I | 0,08 |
| II | 0,06 |
| III e IV | 0,04 |

Fonte: norma NBR 5419-3 (Tabela 10).

**Tabela 6.8** | Valores do coeficiente $K_m$

| Material | $K_m$ |
|---|---|
| Ar | 1 |
| Concreto, tijolos | 0,5 |

Nota 1: no caso de vários materiais isolantes em série, é uma boa prática usar o menor valor de $K_m$.

Nota 2: a utilização de outros materiais isolantes está sob consideração.

Fonte: norma NBR 5419-3 (Tabela 11).

**Tabela 6.9** | Valores aproximados do coeficiente $K_c$

| Número de descidas (n) | $K_c$ |
|---|---|
| 1 (somente para SPDA isolado) | 1 |
| 2 | 0,66 |
| 3 ou mais | 0,44 |

Fonte: norma NBR 5419-3 (Tabela 12).

No caso de um SPDA não isolado, os condutores de descida podem ser instalados de acordo com o material de construção da parede. Se a parede é constituída de material não combustível, os condutores de descida podem ser instalados na superfície ou no interior da parede.

Caso a parede seja construída com material combustível, os condutores de descida podem ser instalados na superfície desde que, com a passagem da corrente de eventual descarga atmosférica, o aumento da temperatura não gere perigo para o material da parede.

Quando a parede é construída com material combustível, os condutores de descida, após a instalação, devem manter a distância mínima de 10 cm da parede.

Se não for possível garantir a distância entre o condutor de descida e o material combustível, a seção transversal mínima do condutor de aço galvanizado deve ser de 100 $mm^2$.

Deve-se evitar a instalação de condutores de descida no interior de calhas ou tubulações de águas pluviais, mesmo que recobertos de material isolante. É possível haver entupimento devido a folhas de árvores e formação de par galvânico, entre outros.

## 6.10 Componentes Naturais

Algumas partes da estrutura podem ser consideradas condutores naturais de descida, como:

a) instalações metálicas eletricamente contínuas;

b) armaduras de estruturas de concreto armado eletricamente contínuas;

c) elementos de fachada eletricamente contínuos e com espessuras superiores a t' (Tabela 6.4);

d) vigamento de aço interconectado da estrutura, desde que as dimensões atendam aos requisitos dos condutores para descidas. As espessuras para folhas e tubulações metálicas não devem ser inferiores a t' (Tabela 6.4).

## 6.11 Conexões de Ensaio

As conexões de ensaio devem ser previstas nas junções entre cada cabo de descida e eletrodos de aterramento. A exceção são os casos de condutores de descidas naturais combinados com os eletrodos de aterramento pela fundação (eletrodos naturais).

Nas conexões de ensaio, o elemento de conexão deve ser aberto apenas com o uso de ferramenta. Na condição normal, deve permanecer fechado e sem contato com o solo.

## 6.12 Subsistema de Aterramento

A eficiência do subsistema de aterramento resulta de topologia e resistividade do solo local. Também resulta do arranjo empregado nos eletrodos, visando alcançar, além da menor resistência de aterramento possível, a dispersão da corrente de descarga atmosférica para a terra, evitando qualquer sobretensão perigosa.

Sob a ótica da proteção contra descargas atmosféricas, o eletrodo de aterramento adequado para todos os propósitos deve ser único e comum. O objetivo é atenda a proteção contra descargas atmosféricas, sistemas de energia elétrica, telecomunicações, TV a cabo, dados etc.

Quando não for possível aproveitar as armaduras das fundações, deve-se utilizar:

a) um condutor em anel na parte externa da estrutura a ser protegida. Oitenta por cento do comprimento total do condutor deve estar em contato com o solo;

b) um elemento condutor que interligue as armaduras descontínuas dos elementos da fundação. Vale destacar que, embora exista a possibilidade de 20% do eletrodo convencional não estar em contato direto com o solo, a continuidade elétrica do anel deve ser garantida em toda a sua extensão.

Ao empregar qualquer dos dois métodos mencionados anteriormente, o raio médio ($r_e$) da área abrangida pelos eletrodos deve ser maior ou igual a $l_1$ ($r_e \geq 1$), cujo valor pode ser observado no Gráfico 6.2.

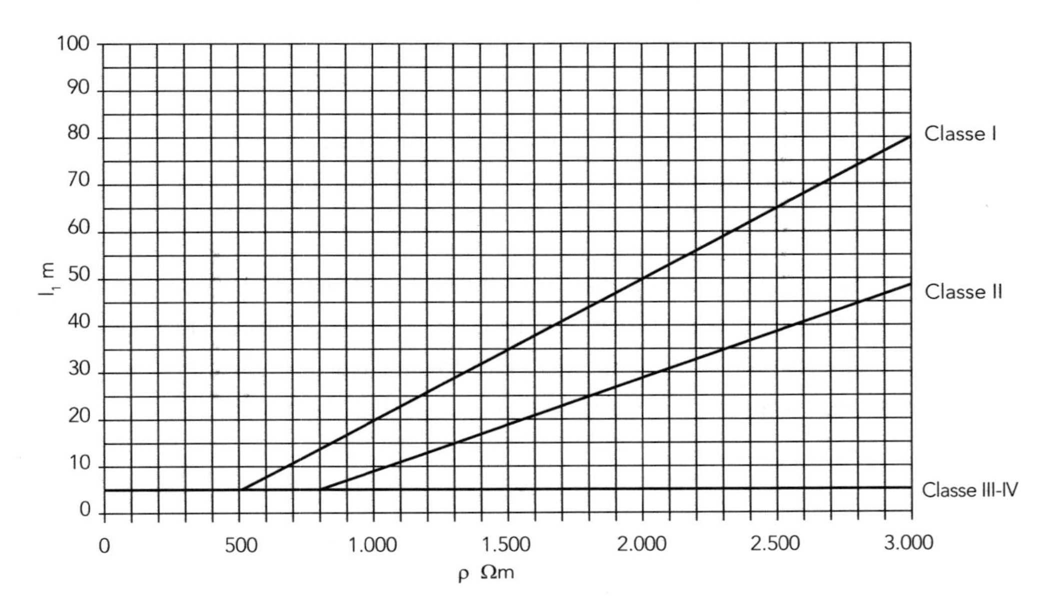


**Gráfico 6.2** | Comprimento mínimo $l_1$ do eletrodo de aterramento de acordo com a classe do SPDA.
Fonte: norma NBR 5419-3:2015 (Figura 3).

De acordo com o Gráfico 6.2, as classes III e IV são independentes da resistividade do solo. De acordo com a ABNT NBR 5419-3:2015, para solos com resistividade superior a 3.000 Ω.m, as curvas devem ser prolongadas de acordo com as seguintes equações:

$$l_1 = 0{,}03\rho - 10 \text{ (classe I)}$$ **(Equação 6.5)**

$$l_1 = 0{,}02\rho - 11 \text{ (classe II)}$$ **(Equação 6.6)**

Se o valor requerido de $l_1$ for maior do que o valor conveniente de $r_e$, deve-se incluir eletrodos adicionais o mais próximo possível dos pontos em que os condutores de descida estão conectados. Os eletrodos podem ser adicionados no sentido horizontal ou vertical (ou inclinados), de acordo com as equações:

$$lr = l1 - re \text{ (para componente horizontal)}$$ **(Equação 6.7)**

$$lv = (l1 - re) / 2 \text{ (para componente vertical)}$$ **(Equação 6.8)**

O eletrodo de aterramento em anel deve estar enterrado na profundidade mínima de 0,5 m e posicionado, aproximadamente, a 1 m de distância ao redor das paredes externas da estrutura.

As armaduras de aço interconectadas nas fundações de concreto, ou outras estruturas metálicas subterrâneas, podem ser empregadas como eletrodos naturais de aterramento, desde que tenham continuidade elétrica. O método para avaliação da continuidade elétrica é idêntico àquele utilizado nos condutores de descida.

## 6.12.1 Componentes

Os componentes do SPDA devem ser fabricados com materiais que suportem os efeitos causados por correntes de descargas atmosféricas sobre a estrutura. Também deve ser composto com materiais que resistam aos esforços acidentais previsíveis, afastando a possibilidade de ocorrer danos, conforme a Tabela 6.10. É admitido o uso de outros materiais, desde que apresentem características de comportamento mecânico, elétrico e químico equivalentes. O comportamento químico está relacionado com a corrosão.

**Tabela 6.10** | Materiais para SPDA e condições de utilização

| Material | Utilização | | | | Corrosão | | |
|---|---|---|---|---|---|---|---|
| | Ao ar livre | Na terra | No concreto ou reboco | No concreto armado | Resistência | Aumentado por | Podem ser destruídos por acoplamento galvânico |
| Cobre | Maciço<br>Encordoado<br>Como cobertura | Maciço<br>Encordoado<br>Como cobertura | Maciço<br>Encordoado<br>Como cobertura | Não permitido | Boa em muitos ambientes | Compostos sulfurados<br>Materiais orgânicos<br>Altos conteúdos de cloretos | – |
| Aço galvanizado a quente | Maciço<br>Encordoado | Maciço<br>Encordoado | Maciço<br>Encordoado | Maciço<br>Encordoado | Aceitável no ar, em concreto e em solos salubres | Altos conteúdos de cloretos | Cobre |
| Aço inoxidável | Maciço<br>Encordoado | Maciço<br>Encordoado | Maciço<br>Encordoado | Maciço<br>Encordoado | Bom em muitos ambientes | Altos conteúdos de cloreto | – |
| Aço revestido por cobre | Maciço<br>Encordoado | Maciço<br>Encordoado | Maciço<br>Encordoado | Não permitido | Bom em muitos ambientes | Compostos sulfurados | – |
| Alumínio | Maciço<br>Encordoado | Não permitido | Não permitido | Não permitido | Bom em atmosferas contendo baixas concentrações de sulfurados e cloretos | Soluções alcalinas | Cobre |

Nota 1: esta tabela constitui um guia geral. Em circunstâncias especiais, considerações de imunização de corrosão mais cuidadosas são requeridas.

Nota 2: condutores encordoados são mais vulneráveis à corrosão do que condutores sólidos. Condutores encordoados são também vulneráveis quando entram e saem nas posições concreto/terra.

Nota 3: aço galvanizado a quente pode ser oxidado em solo argiloso, úmido ou com solo salgado.

Fonte: norma NBR 5419-3 (Tabela 5).

## 6.12.2 Fixação

Os captores e os condutores de descida devem ser instalados de maneira que não sofram danos decorrentes de força eletrodinâmica ou mecânica, que resulte na quebra ou no afrouxamento de condutores. A fixação dos condutores do SPDA deve ser realizada obedecendo as seguintes distâncias máximas:

a) até 1,0 m para condutores flexíveis (cabos e cordoalhas) na horizontal;

b) até 1,5 m para condutores flexíveis (cabos e cordoalhas) na vertical ou inclinado;

c) até 1,0 m para condutores rígidos (fitas e barras) na horizontal;

d) até 1,5 m para condutores rígidos (fitas e barras) na vertical ou inclinado.

Vale destacar que não é permitida a emenda em cabos de descida, exceto para os conectores de ensaio, o qual é obrigatório e deve ser instalado próximo ao solo. A altura recomendada é de 1,5 m a partir do solo.

As conexões ao longo dos condutores devem ser realizadas com o uso de solda elétrica ou exotérmica, de modo a totalizar o menor número possível. Devem ser observados os requisitos de ensaio de continuidade (ver Apêndice A).

## 6.12.3 Materiais e Dimensões

Os materiais de SPDA e suas respectivas configurações e dimensões estão presentes nas Tabelas 6.11 e 6.12. A Tabela 6.11 mostra os materiais e os valores para os subsistemas de captação e de descida; a Tabela 6.12 corresponde ao subsistema de aterramento.

**Tabela 6.11** | Material, configuração e área de seção mínima dos condutores de captação, hastes captoras e condutores de descida

| Material | Configuração | Área da seção mínima ($mm^2$) | Comentários |
|---|---|---|---|
| Cobre | Fita maciça | 35 | Espessura 1,75 mm |
| | Arredondado maciço | 35 | Diâmetro 6 mm |
| | Encordoado | 35 | Diâmetro de cada fio da cordoalha 2,5 mm |
| | Arredondado maciço (minicapacitores) | 200 | Diâmetro 16 mm |
| Alumínio | Fita maciça | 70 | Espessura 3 mm |
| | Arredondado maciço | 70 | Diâmetro 9,5 mm |
| | Encordoado | 70 | Diâmetro de cada fio da cordoalha 3,5 mm |
| | Arredondado maciço (minicapacitores) | 200 | Diâmetro 16 mm |
| Aço cobreado IACS 30% | Arredondado maciço | 50 | Diâmetro 8 mm |
| | Encordoado | 50 | Diâmetro de cada fio da cordoalha 3 mm |
| Alumínio cobreado IACS 64% | Arredondado maciço | 50 | Diâmetro 8 mm |
| | Encordoado | 70 | Diâmetro de cada fio da cordoalha 3,6 mm |
| Aço galvanizado a quente | Fita maciça | 50 | Espessura mínima 2,5 mm |
| | Arredondado maciço | 50 | Diâmetro 8 mm |
| | Encordoado | 50 | Diâmetro de cada fio da cordoalha 1,7 mm |
| | Arredondado maciço (minicapacitores) | 200 | Diâmetro 16 mm |
| Aço inoxidável | Fita maciça | 50 | Espessura 2 mm |
| | Arredondado maciço | 50 | Diâmetro 8 mm |
| | Encordoado | 70 | Diâmetro de cada fio da cordoalha 1,7 mm |
| | Arredondado maciço (minicapacitores) | 200 | Diâmetro 16 mm |

Nota: essa tabela não se aplica aos materiais utilizados como elementos naturais de um SPDA.

Fonte: norma NBR 5419-3 (Tabela 6).

**Tabela 6.12** | Material, configuração e dimensões mínimas de eletrodos de aterramento

| Material | Configuração | Dimensões mínimas | | Comentários |
|---|---|---|---|---|
| | | Eletrodo cravado (diâmetro) | Eletrodo não cravado | |
| Cobre | Encordoado | – | 50 mm² | Diâmetro de cada fio da cordoalha 3 mm |
| | Arredondado maciço | – | 50 mm² | Diâmetro 8 mm |
| | Fita maciça | – | 50 mm² | Espessura 2 mm |
| | Arredondado maciço | 15 mm | – | – |
| | Tubo | 20 mm | – | Espessura da parede 2 mm |
| Aço galvanizado a quente | Arredondado maciço | 16 mm | Diâmetro 10 mm | – |
| | Tubo | 25 mm | – | Espessura da parede 2 mm |
| | Fita maciça | – | 90 mm² | Espessura 3 mm |
| | Encordoado | – | 70 mm² | – |
| Aço cobreado | Arredondado maciço | 12,7 mm | 70 mm² | Diâmetro de cada fio da cordoalha 3,45 mm |
| | Encordoado | 12,7 mm | 70 mm² | Diâmetro de cada fio da cordoalha 3,45 mm |
| Aço inoxidável | Arredondado maciço | 15 mm | Diâmetro 10 mm | Espessura mínima 2 mm |
| | Fita maciça | 15 mm | 100 mm² | Espessura mínima 2 mm |

Fonte: norma NBR 5419-3 (Tabela 7).

# Sistema Interno de Proteção contra Descargas Atmosféricas

7

## 7.1 Equipotencialização Visando Proteção Contra Descargas Atmosféricas

O SPDA interno tem como objetivo evitar que centelhamentos perigosos ocorram quando houver ligações equipotenciais e isolação elétrica entre as partes.

Para que a equipotencialização seja obtida, é necessário que o SPDA esteja interligado com sistemas internos, partes condutivas externas e linhas elétricas conectadas à estrutura ou instalações metálicas. Essa interligação pode ser direta ou indireta. Veja a seguir:

a) **Interligação direta:** são usados condutores de interligação.

b) **Interligação indireta:** são utilizados DPS, quando a conexão por meio de condutores não pode ser realizada; ou são indicados os centelhadores, quando a conexão direta não é permitida.

## 7.2 Equipotencialização para Instalações Metálicas

A equipotencialização para instalações metálicas é realizada em função do tipo de SPDA.

Para o SPDA externo isolado, a implementação deve ocorrer apenas no nível do solo. Já para um SPDA externo não isolado, a equipotencialização deve ser realizada na base da estrutura, próximo do nível do solo ou onde os requisitos de isolação não são atendidos.

Para as estruturas com extensão vertical ou horizontal superiores a 20 m, devem ser instalados barramentos de equipotencialização local (BEL), na quantidade necessária, desde que exista entre eles uma ligação intencional incluindo o BEP.

As dimensões mínimas dos condutores utilizados são mostradas nas Tabelas 7.1 e 7.2.

**Tabela 7.1** | Dimensões mínimas dos condutores que interligam diferentes barramentos de equipotencialização (BEP ou BEL) ou que ligam essas barras ao sistema de aterramento

| Nível do SPDA | Modo de instalação | Material | Área da seção reta ($mm^2$) |
|---|---|---|---|
| I a IV | Não enterrado | Cobre | 16 |
| | | Alumínio | 25 |
| | | Aço galvanizado a fogo | 50 |
| | Enterrado | Cobre | 50 |
| | | Alumínio | Não aplicável |
| | | Aço galvanizado a fogo | 80 |

Fonte: adaptado da norma NBR 5419.

**Tabela 7.2** | Dimensões mínimas dos condutores que ligam as instalações metálicas internas aos barramentos de equipotencialização (BEP ou BEL)

| Nível do SPDA | Material | Área da seção reta ($mm^2$) |
|---|---|---|
| I a IV | Cobre | 6 |
| | Alumínio | 10 |
| | Aço galvanizado a fogo | 16 |

Fonte: adaptado da norma NBR 5419.

Os segmentos de tubulações metálicas que dispõem de peças isolantes intercaladas em seus flanges devem ser interligados direta ou indiretamente, dependendo das condições da instalação, por meio de condutores ou DPS específico, respectivamente.

Os DPS devem atender às seguintes características:

$$I_{imp} \geq K_c \times I \quad \textbf{(Equação 7.1)}$$

Em que:

**$I_{imp}$:** corrente de impulso;

**$K_c I$:** corrente da descarga atmosférica que flui do SPDA externo para as instalações metálicas. Nesse caso, a tensão de impulso disruptiva nominal ($U_{RIMP}$) deve ser inferior ao nível de impulso suportável de isolação entre as partes.

## 7.3 Equipotencialização para Elementos Condutores Externos

A equipotencialização deve ser realizada a partir do ponto mais próximo daquele em que os elementos condutores externos adentram na estrutura a ser protegida. Quando não for possível realizar uma interligação direta, é necessário que os DPS tenham as seguintes características:

a) nível de proteção (UP) menor do que o nível de suportabilidade a impulso da isolação entre as partes;

b) tensão de impulso disruptiva nominal ($U_{RIMP}$) menor do que o nível de impulso suportável de isolação entre as partes;

c) corrente de descarga atmosférica dissipável por meio de elementos condutores externos, que seja menor ou igual à corrente de impulso ($I_F \leq I_{imp}$).

## 7.4 Equipotencialização para Sistemas Internos

No caso de sistemas internos, a equipotencialização pode ser facilitada se os condutores dos sistemas internos estiverem dentro de eletrodutos metálicos ou forem blindados, tendo em vista que é suficiente equipotencializar esses eletrodutos ou blindagens.

Quando os condutores vivos dos sistemas internos não são blindados ou não estão alojados no interior de eletrodutos metálicos, devem ser equipotencializados ao BEP por meio do DPS. Dessa forma, os condutores PE e PEN de um sistema de aterramento TN devem ser ligados diretamente ao BEP.[1]

## 7.5 Equipotencialização para as Linhas Conectadas à Estrutura a ser Protegida

Todos os condutores de cada linha devem ser equipotencializados direta ou indiretamente, seja por meio da ligação direta ou por meio de DPS. Assim, de forma análoga aos sistemas internos, se as linhas estiverem em eletrodutos metálicos ou forem blindadas, devem ser realizadas ligações equipotenciais aos eletrodutos e às blindagens.

1 Mais informações sobre sistemas de aterramento TN e condutores PE e PEN podem ser obtidas no Capítulo 13 deste livro.

É desnecessária a equipotencialização quando as áreas das seções ($S_C$) dos eletrodutos ou das blindagens são maiores ou iguais ao valor mínimo ($S_{Cmin}$):

$$S_{cmin} = \frac{I_f \times p_c \times L_c \times 10^6}{U_w}(mm^2) \quad \textbf{(Equação 7.2)}$$

Em que:

**$S_{Cmin}$:** área da seção reta da blindagem (dada em $mm^2$) necessária para evitar centelhamento perigoso;

**$I_f$:** corrente, em kA, que percorre a blindagem;

**ρc:** resistividade da blindagem (em $\Omega \times m$);

**$L_C$:** comprimento do cabo (m);

**$U_W$:** tensão suportável de impulso do sistema eletroeletrônico alimentado pelo cabo (expresso em kV).

**Tabela 7.3** | Comprimento de cabo a ser considerado segundo a condição de blindagem

| Condição da blindagem | $L_C$ |
|---|---|
| Em contato com um solo de resistividade ρ(Ωm) | $Lc \leq 8 \times \sqrt{\rho}$ |
| Isolado do solo ou no ar | Lc é a distância entre a estrutura e o ponto de aterramento da blindagem mais próximo. |

Fonte: norma NBR 5419.

A corrente de blindagem $I_f$ tem diferentes limites em função da blindagem dos cabos.

$$I_f = 8 \times S_C \text{ (para cabos blindados)} \quad \textbf{(Equação 7.3)}$$

$$I_f = 8 \times n' \times S'_c \text{ (para cabos não blindados)} \quad \text{(Equação 7.4)}$$

Em que:

**$I_f$:** corrente, em kA, na blindagem;

**$n'$:** número de condutores;

**$S_c$:** seção da blindagem (em $mm^2$);

**$S'_c$:** seção de cada condutor (em $mm^2$).

# Medidas de Proteção contra Acidentes com Seres Vivos

8

## 8.1 Medidas de Proteção contra Tensão de Toque

Mesmo que o projeto e a construção estejam em conformidade com a NBR 5419:2015, um SPDA pode trazer risco para a vida de seres vivos. Os riscos são reduzidos a níveis toleráveis se uma das seguintes condições estiver satisfeita:

a) a resistividade da camada superficial do solo deve ser maior ou igual a 100 kΩ·m, considerando uma distância de até 3 m dos condutores de descida;

b) o subsistema de descida for constituído, no mínimo, por dez descidas naturais interligadas no ponto em que a continuidade elétrica entre as partes seja realizada com materiais resistentes à corrosão, com dimensões apropriadas e empregando metodologia que resulte em construção durável;

c) o tempo de permanência de pessoas fora da estrutura ou probabilidade de aproximação de pessoas com os condutores de descidas for muito baixa.

Caso nenhuma dessas condições seja atendida, medidas de proteção devem ser adotadas com o objetivo de evitar danos causados pela tensão de toque. Essas medidas de proteção podem ser obtidas por meio da instalação de barreiras ou sinalização de alerta para minimizar a probabilidade de toque nos condutores de descida. Outra medida de proteção pode ser feita com a isolação dos condutores de descida expostos em materiais que suportem a tensão de ensaio de 100 kV, resultante de uma camada de polietileno reticulado com espessura de 3 mm.

## 8.2 Medidas de Proteção contra Tensão de Passo

Os riscos para evitar que seres vivos sejam expostos ao choque elétrico, decorrente da tensão de passo, são reduzidos a níveis toleráveis quando uma das condições apresentadas no Item 8.1 seja satisfeita. Caso contrário, medidas de proteção devem ser adotadas. São elas: instalar sinalização de alerta ou barreiras para evitar a aproximação de pessoas e construir um eletrodo de aterramento reticulado complementar no entorno dos condutores de descida.

## 8.3 Estruturas com Material Sólido Explosivo

Para estrutura que possui em seu interior materiais explosivos sólidos, é recomendável que o SPDA utilizado seja do tipo isolado. Além disso, nesses locais, dispositivos específicos de proteção contra surto devem ser instalados como parte integrante do SDPA, em todos os locais em que os materiais explosivos estiverem presentes.

Quando aplicável, os DPS devem ser posicionados externamente ao local que abriga o material explosivo. Nos locais em que há material explosivo ou ainda a presença de pó explosivo, os DPS devem ser instalados dentro de invólucro a prova de explosão.

# 9 Sistemas Elétricos e Eletrônicos Internos na Estrutura

## 9.1 MPS Básicas

Para evitar danos aos sistemas elétricos e eletrônicos, a que estão sujeitos em função de Pulso Eletromagnético devido a Descargas Atmosféricas (LEMP), indica-se a adoção de Medidas de Proteção contra Surtos (MPS).

A proteção contra LEMP é embasada no conceito de zonas de proteção contra raios (ZPR). A fronteira de uma ZPR é definida pelas medidas de proteção utilizadas.

As medidas básicas de proteção contra LEMP podem ser resumidas em: aterramento e equipotencialização, blindagem magnética e roteamento das linhas, coordenação de Dispositivo de Proteção contra Surtos (DPS) e interfaces isolantes.

### 9.1.1 Aterramento e Equipotencialização

O sistema de aterramento conduz e dispersa as correntes provenientes da descarga atmosférica para o solo, enquanto a malha de equipotencialização diminui a diferença de potencial e reduz a intensidade de campo magnético.

### 9.1.2 Blindagem Magnética e Roteamento das Linhas

As blindagens espaciais atenuam os campos magnéticos no interior da ZPR, decorrentes de descargas atmosféricas diretas ou próximas à estrutura. A blindagem interna pode ser obtida utilizando-se cabos ou dutos blindados, enquanto o roteamento de linhas internas pode minimizar os laços de indução e reduzir surtos.

### 9.1.3 Coordenação de DPS

A Proteção contra Surtos dos Sistemas Internos é constituída de DPS coordenados para a proteção de linhas de energia e sinal. A seleção e a instalação dos componentes são similares para ambos os casos:

a) em MPS que consideram mais de uma zona interna (ZPR 1, ZPR 2 e zonas adicionais), os DPS devem ser localizados no ponto em que a linha entra em cada ZPR;

b) em MPS que consideram apenas a ZPR 1, deve ser instalado um DPS no ponto em que a linha entra em ZPR 1;

c) nos dois casos, DPS adicionais podem ser requeridos quando a distância entre a localização do DPS e o equipamento a ser protegido é longa.

Os requisitos para ensaio dos DPS destinados a sistemas de energia devem atender às normas ABNT NBR IEC 61643-1, 61643-12 e ABNR NBR 5410:2004 e, para sistemas de sinal, devem atender às normas IEC 61643-21 e IEC 61643-22.

De acordo com a posição na instalação, os DPS podem ser utilizados da seguinte forma:

a) Considerando o ponto de entrada da linha na estrutura (na periferia de ZPR 1, por exemplo, no quadro de distribuição principal):
   - DPS ensaiado com a classe I;
   - DPS ensaiado com a classe II.

b) Considerando a proximidade do dispositivo a ser protegido (na periferia de ZPR 2 e superior, por exemplo, no quadro de distribuição secundário ou em uma tomada):
   - DPS ensaiado de acordo com a classe I para DPS de potência;
   - DPS ensaiado com a classe II;
   - DPS ensaiado de acordo com a classe III.

## 9.1.4 Verificações para Estruturas Existentes

As interfaces isolantes podem ser utilizadas para reduzir os efeitos de LEMP. Os DPS podem ser empregados na proteção de interfaces contra sobretensões.

No caso de estruturas existentes, nem sempre é possível seguir as MPS. Dessa forma, são descritos a seguir os principais aspectos que devem ser considerados nos casos em que as medidas de proteção não são obrigatórias, porém podem aumentar o resultado da proteção.

Nas estruturas existentes, deve ser desenvolvido um projeto visando determinar o aterramento, as zonas de proteção, a blindagem e o roteamento de linhas. Para facilitar a análise de risco e a seleção das medidas de proteção mais adequadas, as Tabelas 9.1 a 9.4 apresentam os dados necessários da estrutura existente e suas instalações:

**Tabela 9.1** | Características estruturais e complementares

| Item | Questões |
|---|---|
| 1 | Alvenaria, tijolos, madeira, concreto armado, estruturas de aço, fachada de metal? |
| 2 | Uma estrutura única ou blocos interligados com juntas de dilatação? |
| 3 | Estruturas baixas e planas ou altas? (dimensões da estrutura) |
| 4 | Armaduras de aço interligadas e com continuidade elétrica em toda a estrutura? |
| 5 | Tipo e característica do telhado metálico? |
| 6 | Fachadas metálicas equipotencializadas? |
| 7 | Armações metálicas das janelas equipotencializadas? |
| 8 | Dimensões das janelas? |
| 9 | Estrutura protegida com um SPDA externo? |
| 10 | Tipo e característica desse SPDA? |
| 11 | Material do solo (rocha, solo)? |
| 12 | Altura, distância e aterramento das estruturas adjacentes? |

Fonte: adaptado da norma NBR 5419.

**Tabela 9.2** | Características da instalação

| Item | Questões |
|---|---|
| 1 | Características da entrada dos serviços (aérea ou subterrânea)? |
| 2 | Características das antenas (antenas ou outros dispositivos externos)? |
| 3 | Tipo de fornecimento de energia (alta, média, baixa tensão, aérea ou subterrânea)? |
| 4 | Roteamento das linhas (número e localização dos dutos dos cabos)? |
| 5 | Uso de dutos metálicos para os cabos? |
| 6 | Os equipamentos estão totalmente dentro da estrutura? |
| 7 | Existem condutores metálicos interligados à outra estrutura? |

Fonte: adaptado da norma NBR 5419.

**Tabela 9.3** | Características dos equipamentos

| Item | Questões |
|---|---|
| 1 | Características das interligações dos sistemas internos (cabos multivias blindados ou não blindados, cabos coaxiais, sistemas analógicos ou digitais, balanceados ou não balanceados, condutores de fibra ótica)[1] |
| 2 | Suportabilidade dos sistemas eletrônicos especificados[1,2] |

[1] Para informações detalhadas, ver ABNT 5419-2.

[2] Para informações detalhadas, ver ITU-T K.21, IEC 61000-4-9 e IEC 61000-4-10.

Fonte: adaptado da norma NBR 5419.

**Tabela 9.4** | Outras questões a serem consideradas para a concepção do projeto

| Item | Questões |
|---|---|
| 1 | Configuração do aterramento da entrada de energia TN (TN-S, TN-C, TN-C-S, TT ou IT)[1] |
| 2 | Localização dos equipamentos |

[3] Interligação dos sistemas de aterramento funcional com a interligação para equipotencialização.
Fonte: adaptado da norma NBR 5419.

## 9.2 Projeto das Medidas Básicas de Proteção para a ZPR

Para desenvolvimento do projeto, é necessária a verificação dos itens constantes nas Tabelas 9.1 a 9.3 e realizar a análise de risco. A análise de risco determina se as MPS são necessárias e, em caso afirmativo, devem ser implementadas.

Constitui a base das MPS uma blindagem interna e uma interligação para equipotencialização. É conveniente que a largura máxima da malha, em qualquer direção, seja de 5 m.

### 9.2.1 Projeto das Medidas Básicas de Proteção para ZPR 1

As medidas de proteção têm como base a blindagem interna e a interligação para equipotencialização, ou um condutor em anel na parede externa, o que normalmente constitui a fronteira de ZPR 1. Se a situação descrita não puder ser implantada, ou se a parede externa não representar a fronteira, é conveniente que um condutor em anel seja conectado ao anel externo, no mínimo em dois pontos, com o maior afastamento possível entre si.

### 9.2.2 Projeto das Medidas Básicas de Proteção para ZPR 2

As medidas de proteção têm como base a blindagem interna e a interligação para equipotencialização, ou um condutor em anel no interior da parede externa. Caso a blindagem interna e a interligação para equipotencialização não sejam possíveis, é conveniente que um condutor em anel seja instalado na fronteira de todas as ZPR 2. As malhas da ZPR não devem exceder 5 × 5 m, devendo ser subdivididas caso excedam esse limite. O condutor em anel deve envolver a ZPR 1, no mínimo em dois pontos, com o maior afastamento possível.

---

1 Mais informações sobre sistemas de aterramento no Capítulo 13 deste livro.

### 9.2.3 Projeto das Medidas Básicas de Proteção para ZPR 3

As medidas de proteção são baseadas na blindagem interna e a interligação para equipotencialização, ou um condutor em anel no interior da ZPR 2. Caso a blindagem interna e a interligação para equipotencialização não sejam possíveis, é conveniente que um condutor em anel seja instalado na fronteira de toda a ZPR 3. Se a ZPR 3 for maior do que 5 × 5 m, deve ser subdividida caso exceda esse limite. O condutor em anel deve envolver a ZPR 2, no mínimo em dois pontos, com o maior afastamento possível.

## 9.3 Proteção Usando uma Interligação para Equipotencialização

A largura típica da malha de equipotencialização é menor ou igual a 5 m. Na maioria dos casos, a malha de equipotencialização não pode ser utilizada como caminho de retorno para correntes de energia elétrica e sinal. Dessa forma, é conveniente que o condutor PE seja integrado na malha de equipotencialização, ao contrário do condutor PEN que não deve ser integrado à malha.

## 9.4 Proteção por meio de DPS

Na entrada de qualquer ZPR interna, devem ser instalados DPS com a finalidade de limitar os surtos conduzidos. Atenção especial deve ser destinada ao fato de que DPS instalado a jusante ou no equipamento impede a correta atuação do DPS instalado na entrada de serviço.

## 9.5 Proteção por Interface Isolante

A existência de grandes laços ou a ausência de interligação para equipotencialização de baixa impedância pode resultar em interferências na frequência industrial, entre equipamentos e suas linhas de sinal.

Com o objetivo de evitar interferências, principalmente nas instalações dotadas do esquema de aterramento TN-C, é conveniente a separação adequada entre as instalações novas e as existentes por meio de:

a) transformadores de isolação;

b) cabos de fibra óptica sem componentes metálicos,

c) optoacopladores;

d) equipamentos isolados classe 2, a exemplo da dupla isolação sem condutor PE.

## 9.6 Medidas de Proteção por Roteamento de Linhas e Blindagem

A blindagem e o roteamento adequados das linhas constituem em medidas eficazes na redução de sobretensões induzidas. A utilização de cabos blindados aterrados, ao menos em um dos extremos, e dutos metálicos equipotencializados melhoram a proteção.

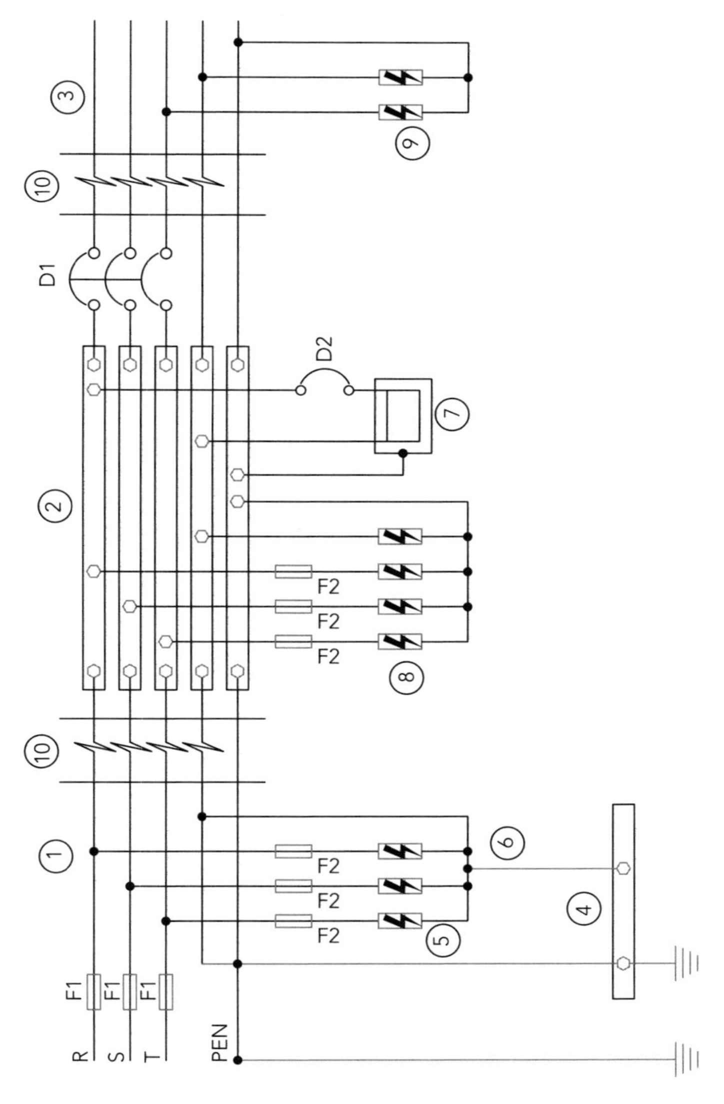


**Figura 9.1** | Exemplo da instalação de DPS classe 1, classe 2 e classe 3.
Fonte: adaptado da norma NBR 5419.

Em que:

**1:** origem da instalação;

**2:** quadro de distribuição;

**3:** tomada com equipamento sensível;

**4:** BEP;

**5:** DPS classe 1 ou 2;

**6:** interligação do DPS à terra;

**7:** equipamento fixo a ser protegido;

**8:** DPS classe 2;

**9:** DPS classe 2 ou 3;

**10:** elemento de desacoplamento ou comprimento da linha;

**11:** F1, F2, F3, D1, D2: dispositivos de proteção contra sobrecorrente e curto-circuito.

## 9.7 Critérios para a Proteção das Estruturas

São considerados quatro níveis de proteção, associados a quatro classes de SPDA, denominadas classes I, II, III e IV. Esses níveis são embasados em regras, como o raio da esfera rolante, a largura da malha, entre outras. A classe I proporciona a maior proteção.

As medidas de proteção contra descargas atmosféricas, a exemplo do SPDA, geram zonas de proteção definidas, segundo a NBR 5419-1:2015, por:

a) **ZPR $0_A$:** zona na qual a ameaça ocorre em função da queda direta e ao campo eletromagnético da descarga atmosférica. Os sistemas internos podem estar sujeitos a corrente total ou parcial gerada pela descarga atmosférica.

b) **ZPR $0_B$:** zona protegida contra queda direta, mas onde o campo eletromagnético total da descarga atmosférica é uma ameaça. Os sistemas internos podem estar sujeitos à corrente parcial da descarga atmosférica.

c) **ZPR1:** zona na qual a corrente de surto é limitada por uma divisão da corrente da descarga atmosférica e pela aplicação de interfaces isolantes e/ou DPS na fronteira. Uma blindagem espacial pode atenuar ainda mais o campo eletromagnético da descarga atmosférica.

d) **ZPR2:** zona na qual a corrente de surto pode ser ainda mais limitada por uma divisão da corrente da descarga atmosférica e pela aplicação de interfaces isolantes e/ou DPS adicionais na fronteira. Uma blindagem espacial adicional pode ser usada para atenuar ainda mais o campo eletromagnético da descarga atmosférica.

Em resumo, a instalação do SPDA resulta em dois sistemas de proteção contra uma eventual descarga atmosférica: o sistema externo e o interno.

O sistema externo é constituído do subsistema de captação, cuja finalidade é receber o impacto da descarga atmosférica, transferindo-a para o subsistema de descida. Assim, a descarga é conduzida e escoada para a terra, de maneira segura, e do sistema de aterramento, responsável por dispersar a corrente na terra.

O sistema interno evita que haja o centelhamento na estrutura em função da ligação equipotencial e da distância de segurança.

As Figuras 9.2 e 9.3 ilustram as zonas de proteção definidas por um SPDA.

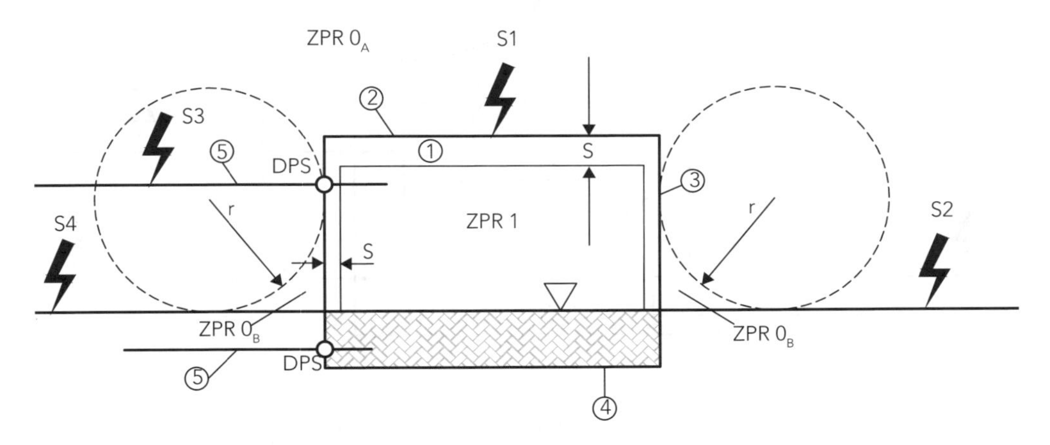


**Figura 9.2** | ZPR definidas por um SPDA.

**1:** estrutura;

**2:** subsistema de captação;

**S4:** descarga atmosférica próxima de linhas ou tubulações de adentram a estrutura;

**r:** raio da esfera rolante;

**3:** subsistema de descida;

**4:** subsistema de aterramento;

**5:** linha de energia, sinal e tubulações que adentram a estrutura;

**S1:** descarga atmosférica na estrutura;

**S2:** descarga atmosférica próxima da estrutura;

**S3:** descarga atmosférica em linhas ou tubulações que adentram a estrutura;

**s:** distância de segurança contra centelhamento perigoso;

**Δ:** nível do piso;

**O:** ligação equipotencial através de DPS;

**ZPR $O_A$:** descarga atmosférica direta, corrente total;

**ZPR $O_B$:** é pouco provável a ocorrência de descarga atmosférica ou corrente induzida;

**ZPR 1:** não há descarga atmosférica direta, corrente limitada da descarga atmosférica ou corrente induzida.

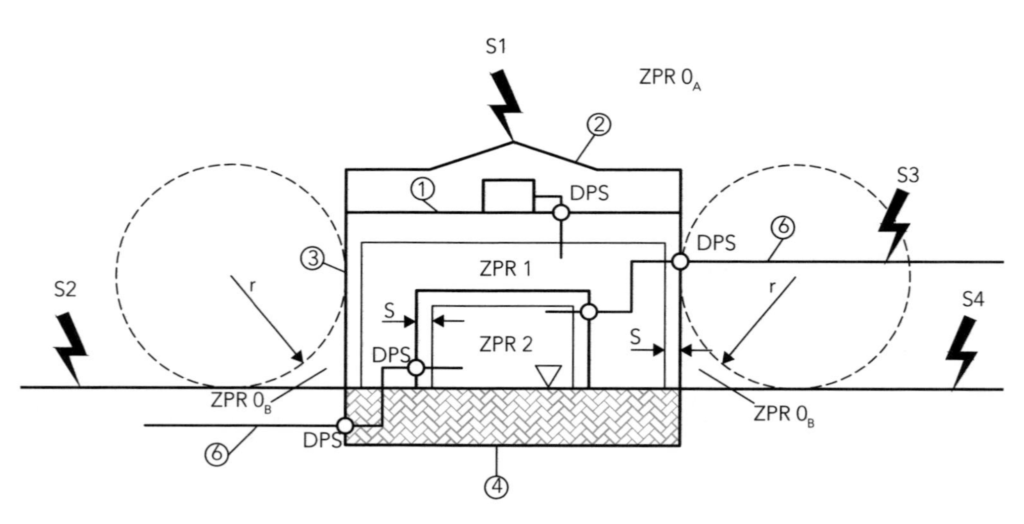


**Figura 9.3** | **ZPR definidas por MPS.**

**1:** estrutura (blindagem da ZPR 1);

**2:** subsistema de captação;

**3:** subsistema de descida;

**S4:** descarga atmosférica próxima de linhas ou tubulações de adentram a estrutura;

**r:** raio da esfera rolante;

**s:** distância de segurança contra centelhamento perigoso;

**4:** subsistema de aterramento;

**5:** recinto (blindagem da ZPR 2);

**6:** linha de energia, sinal e tubulações que adentram a estrutura;

**S1:** descarga atmosférica na estrutura;

**S2:** descarga atmosférica próxima da estrutura;

**S3:** descarga atmosférica em linhas ou tubulações que adentram a estrutura;

**Δ:** nível do piso;

**O:** ligação equipotencial através de DPS;

**ZPR $O_A$:** descarga atmosférica direta, corrente total da descarga atmosférica, campo magnético total;

**ZPR $O_B$:** é pouco provável a ocorrência de descarga atmosférica, direta, corrente parcial da descarga atmosférica, ou corrente induzida;

**ZPR 1:** não há descarga atmosférica direta, corrente limitada da descarga atmosférica, ou corrente induzida, campo magnético atenuado;

**ZPR 2:** não há descarga atmosférica direta, correntes induzidas, campo magnético ainda mais atenuado.

## 9.8 Medidas de Proteção para Equipamentos Instalados Externamente

Constitui exemplo de equipamentos instalados externamente antenas, câmeras de segurança, sensores de todos os tipos ou qualquer outro equipamento eletroeletrônico ou de telecomunicações instalados em estruturas, mastros e outros componentes metálicos.

O equipamento, quando possível, dever ser posicionado para a proteção da ZPR $0_B$ por meio de um sistema de captação para proteção contra descarga atmosférica direta.

O Método da Esfera Rolante é adequado para verificar se há exposição dos equipamentos instalados na cobertura ou nas laterais de altos edifícios ao impacto direto das descargas atmosféricas.

# Conceito Legal

10

## 10.1 Introdução

O Sistema de Proteção contra Descargas Atmosféricas (SPDA) constitui uma condição obrigatória nas instalações e nas edificações como medidas preventivas. O objetivo é a proteção de pessoas, animais e construções, como abordado anteriormente.

É importante ter conhecimento das obrigatoriedades e das responsabilidades civis e criminais associadas ao SPDA, tornando possível identificar as atribuições de proprietários, locador, administrador, síndico e profissionais responsáveis pelo projeto e manutenção da edificação ou instalação.

Normas técnicas e de segurança internacionais e brasileiras trazem referência à implantação do SPDA. Cabe lembrar que as normas técnicas têm a função de orientar, enquanto as normas regulamentadoras são de cunho obrigatório. Vale destacar os aspectos principais dessas normas.

## 10.2 Proteções contra Descargas Atmosféricas

A proteção contra descargas atmosféricas é padronizada pela norma técnica da ABNT NBR 5419:2015 e reforçada de forma legal pela NR-10. Além dessas, existem decretos municipais e normas internacionais que visam fiscalizar a aplicação das devidas proteções.

### 10.2.1 NBR 5419 – Proteção contra Descargas Atmosféricas

A Norma Técnica 5419:2015, elaborada pela ABNT, tem por objetivo definir a condição mínima aceitável para: projeto, implantação, instalação e manutenção do SPDA, nas estruturas utilizadas para fins residencial, comercial, industrial, administrativo e agrícola.

É dividida em quatro partes:

a) **ABNT NBR 5419-1:2015 – Princípios Gerais:** estabelece os requisitos para a determinação de proteção contra descargas atmosféricas.

b) **ABNT NBR 5419-2:2015 – Gerenciamento de Risco:** estabelece os requisitos para análise de risco em uma estrutura devido às descargas atmosféricas para a terra.

c) **ABNT NBR 5419-3:2015 – Danos Físicos a Estruturas e Perigos à Vida:** estabelece os requisitos para proteção de uma estrutura contra danos físicos por meio de um SPDA e para proteção de seres vivos contra lesões causadas pelas tensões de toque e passo nas vizinhanças de um SPDA.

d) **ABNT NBR 5419-4:2015 – Sistemas Elétricos e Eletrônicos Internos na Estrutura:** fornece informações para projeto, instalação, inspeção, manutenção e ensaio de sistemas de proteção elétricos e eletrônicos (Medidas de Proteção contra Surtos – MPS) para reduzir o risco de danos permanentes internos à estrutura devido aos impulsos eletromagnéticos de descargas atmosféricas (LEMP).

## 10.2.2 NR-10 – Segurança em Instalações e Serviços em Eletricidade

Embora a norma NR-10 apresente as responsabilidades atribuídas aos proprietários, locadores e profissionais técnicos em serviços e instalações que envolvem eletricidade, também contempla as responsabilidades associadas ao SPDA, definido nos subitens de medidas de controle:

> [...]
>
> 10.2.4 Os estabelecimentos com cargas instaladas superiores a 75 kW devem constituir e manter o Prontuário de Instalações Elétricas, contendo, além do disposto no subitem 10.2.3, no mínimo:
>
> a) Conjunto de procedimentos e instruções técnicas e administrativas de segurança e saúde, implantadas e relacionadas a esta NR e descrição das medidas de controle existentes;
>
> b) documentação das inspeções e medições do sistema de proteção contra descargas atmosféricas e aterramentos elétricos.
>
> [...]

Descumprir esse item da NR-10 acarreta aplicação de multa, conforme determina a NR-28, Norma de Fiscalização e Penalidade, considerada infração 4 conforme código 210.004.5. Em caso de reincidência, pode ocasionar embargo do estabelecimento, de acordo com o item 28.2.1 da NR-28. No Apêndice C, são apresentados os aspectos de fiscalização, embargo, interdição e penalidades aplicadas à NR-10 com relação ao

SPDA. Também são apresentados os itens relacionados à NR-10, em que a responsabilidade de inspecionar e manter atualizada a documentação referente ao SPDA é do proprietário, locador ou administrador da edificação; quando da locação da edificação, esse item deve fazer parte do contrato de locação.

### 10.2.3 Instrução Técnica (IT) nº 41/2019 – PMESP – Corpo de Bombeiros

A instrução técnica do Corpo de Bombeiros do Estado de São Paulo prescreve em seu artigo 6.1.9 da Instrução Técnica (IT) nº 41/2019 que o SPDA deve estar em conformidade com a NBR 5419:2015.

O responsável pelo preenchimento do atestado de conformidade das instalações elétricas – Anexo K – IT nº 01/2019 (Procedimentos Administrativos) assina-o com os dizeres:

> Atesto, nesta data, que o sistema elétrico da edificação (incluindo o SPDA) foi inspecionado e verificado conforme as prescrições da NBR 5410 (capítulo "Verificação final"), da NBR 5419 e NBR 10898 (tensão máxima no circuito) e encontra-se em conformidade, estando o proprietário, e/ou responsável pelo uso, ciente das responsabilidades constantes do item 2 da IT41.

Além das normas técnicas da ABNT e de segurança do Ministério do Trabalho, estados e municípios definem regras próprias para projeto, instalação e manutenção do SPDA nos volumes protegidos, a exemplo da Lei nº 13.214, de 22 de dezembro de 2015.

## 10.3 Lei nº 13.214

Essa lei dispõe sobre a obrigatoriedade de instalação de para-raios ou sistema de detecção em áreas específicas e dá outras providências.

Nessa lei, a Prefeitura de São Paulo busca proporcionar a proteção de pessoas em ambiente aberto, obrigando a utilização de detectores de proximidade de descargas elétricas atmosféricas. Esses dispositivos são capazes de detectar a proximidade da descarga, emitindo alertas sonoros e/ou visuais à população para que possam buscar abrigo em local em que haja menor risco de atingimento.

De acordo com a lei, são considerados locais abertos os parques, as praças públicas, os pátios de estacionamento, os clubes de campo, as áreas para práticas esportivas, os cemitérios e similares.

Ainda de acordo com o texto legal, nesses locais devem ser construídos, em conformidade com as Normas Técnicas, abrigos identificados, protegidos e devidamente sinalizados. Cabe ao responsável pelo local a forma de divulgação dos procedimentos que devem ser seguidos em caso de alerta.

A lei estabelece prazos para a realização de manutenção do sistema, bem como a aplicação de multa se constatado o descumprimento da lei.

## 10.4 Códigos Civil e Penal

A responsabilidade civil se aplica às empresas, enquanto a criminal penal se aplica às pessoas.

De acordo com o artigo 186 do Código Civil, empresas, escolas, hotéis, parques de diversão, clubes, condomínios e residências e seus prepostos são responsáveis pela reparação do acidente ocorrido e podem responder criminalmente, caso seja comprovada culpa por imperícia, imprudência ou negligência, conforme apresenta o artigo 932 do Código Civil.

a) **Imperícia:** o profissional não tem conhecimento ou aptidão para o exercício de determinada tarefa, falta de conhecimento.

b) **Imprudência:** falta de precaução, mesmo conhecendo os riscos.

c) **Negligência:** ausência de precaução ou indiferença em relação ao ato realizado.

> Art. 932. São também responsáveis pela reparação civil:
>
> [...]
>
> III – o empregador ou comitente, por seus empregados, serviçais e prepostos, no exercício do trabalho que lhes competir, ou em razão dele;
>
> Aquele que por ação ou omissão voluntária, negligência, imprudência ou imperícia, causar dano a outra pessoa, obriga-se a indenizar o prejuízo.

Portanto, a pessoa jurídica na figura de seu representante legal pode responder criminalmente. Exemplo:

- parque de diversão, clubes (proprietários, sócios, acionistas e diretores e encarregado);
- condomínios (síndicos e administradoras);
- clubes (presidentes diretores, sócios e encarregados);
- residências (proprietários, locador).

## 10.5 Responsabilidades do Projeto, Instalação e Manutenção do SPDA

A NR-2, Norma de Inspeção Prévia, determina que todo novo estabelecimento deve solicitar a aprovação de suas instalações junto ao Ministério do Trabalho. Após inspeção das instalações, com base na verificação do projeto e da instalação do SPDA, entre outros, o órgão emitirá um Certificado de Aprovação das Instalações (CAI).

Em alguns municípios, dependendo da característica e do porte das edificações, há também a necessidade da inspeção do Corpo de Bombeiros, como cita a IT nº 41/2019-SP, o qual solicitará, entre outros, o laudo técnico do SPDA para a liberação de utilização da construção.

### 10.5.1 Responsabilidade do Projeto

A NBR 5419:2015 define os níveis de proteção que devem ser adotados, variando de I a IV. Os níveis dependem do objetivo e do tipo da utilização da construção, sendo um auxílio para o profissional projetista na elaboração do projeto. Veja a seguir:

a) aproveitamento ou não do captor ou descida natural;

b) métodos de proteção como:

   - acesso aos pontos específicos da terra, assim como o tipo de solo;
   - ângulo de proteção (Método Franklin);
   - condutores em malha ou gaiola (Método Faraday);
   - esfera rolante ou fictícia (Modelo Eletrogeométrico);

- posicionamento do SPDA de proteção;
- padronização e normalização do material a ser utilizado, entre outros.

Vale lembrar que são necessários a emissão e o recolhimento da Anotação de Responsabilidade Técnica (ART) referentes ao projeto.

## 10.5.2 Responsabilidade da Execução e Manutenção do SPDA

De acordo com a NBR 5419-3:2015, o objetivo das inspeções do SPDA é garantir que:

a) o SPDA esteja de acordo com o projeto (realizado com base na Norma);

b) todos os componentes do SPDA estejam em boas condições e sejam capazes de cumprir suas funções, não apresentem corrosões e atendam às respectivas normas;

c) garantir que reformas ou novas construções que possam alterar as condições estabelecidas em projeto, novas tubulações metálicas, linhas de energia e sinal que adentrem a estrutura, estejam incorporados ao SPDA interno e externo conforme as orientações da Norma.

As inspeções devem ser realizadas observando-se a seguinte periodicidade:

a) durante a construção da estrutura;

b) após a instalação do SDPA, no momento da emissão do "as built";[1]

c) posteriormente a alterações ou reparos, ou quando houver a suspeita de que uma descarga atmosférica atingiu a estrutura;

d) semestralmente, por meio de inspeção visual, que deve apontar os pontos deteriorados do sistema;

e) periodicamente, com emissão da documentação pertinente, realizada por profissional habilitado e capacitado a exercer essa atividade, em intervalos conforme a Tabela 10.1.

---

1 Durante a execução de obras de engenharia pode ocorrer a modificação do projeto executivo inicial. Dessa forma, é necessário o registro completo das alterações ou acréscimos realizados. A atividade de "como construído" ("as built") é definida por meio das três partes da NBR 14645:2001.

**Tabela 10.1** | Periodicidade das inspeções em SPDA

| Periodicidade | Tipo de estrutura |
| --- | --- |
| Anual | Estrutura contendo munição ou explosivos, ou locais expostos à corrosão atmosférica severa (regiões litorâneas, ambientes industriais com atmosfera agressiva etc.), ou ainda estruturas pertencentes a fornecedores de serviços considerados essenciais (energia, água, sinais etc.). |
| Trienal | Para as demais estruturas. |

Fonte: adaptado da norma NBR 5419.

## 10.5.3 Responsabilidade da Documentação do SPDA

A NBR 5419:2015 define que é preciso manter documentação que indica a necessidade ou não do SPDA, aos níveis de proteção adequados para a edificação, a planta baixa do volume protegido, dimensões e posição dos materiais e componentes utilizados no SPDA, entre outros.

A responsabilidade pela elaboração da documentação referente a projeto, laudo técnico, manutenção e ensaios da construção é de um profissional habilitado.

A eficiência de um sistema de proteção contra descargas atmosféricas pode ser resumida na instalação de equipamentos e componentes de qualidade, conforme especificação e dimensionamento obtidos em projeto executivo, que deve ser acompanhado por meio de manutenções preventivas e corretivas.

A manutenção preventiva e eficaz é obtida por meio de verificações e ensaios periódicos, realizados no sistema de proteção.

# Resistividade e Estratificação do Solo

11

## 11.1 Aspectos Gerais da Malha de Aterramento

Este capítulo aborda os conceitos fundamentais para executar a malha de aterramento. Essa malha consiste basicamente em uma estrutura condutora enterrada intencionalmente.

Toda instalação elétrica necessita de um aterramento que garanta seu perfeito funcionamento e, principalmente, a segurança de pessoas. Várias normas técnicas, assim como a NR-10, recomendam que todas as instalações elétricas sejam dotadas de aterramento.

Possuir um bom aterramento é importante para os casos de descarga atmosférica, tendo em vista que a corrente do raio é injetada e circula no solo.

São atribuídas à malha de aterramento as seguintes funções:

a) controlar a tensão à terra dentro de limites previsíveis, limitando o esforço de tensão na isolação dos condutores e diminuindo as interferências eletromagnéticas;

b) descarregar cargas estáticas acumuladas nas máquinas e nos equipamentos;

c) facilitar o funcionamento dos dispositivos de proteção;

d) proteger o usuário de descargas atmosféricas, pois viabiliza um caminho alternativo para a terra.

## 11.2 Definições da NBR 7117:2012

Para o perfeito entendimento do assunto abordado neste tópico, são apresentadas as seguintes definições, de acordo com a NBR 7117:2012:[1]

a) **Aterramento:** ligação intencional de parte eletricamente condutiva à terra, por meio de um sistema de aterramento.

b) **Condutor de aterramento:** condutor ou elemento metálico que faz a ligação elétrica entre a instalação, que deve ser aterrada, e o eletrodo de aterramento.

c) **Corrente de interferência (no processo de medição de resistividade do solo):** qualquer corrente estranha ao processo de medição capaz de influenciar os resultados.

1 Essa norma estabelece os requisitos para medição de resistividade e determinação da estratificação do solo. Além disso, fornece subsídios para aplicação em projetos de aterramentos elétricos.

d) **Eletrodo aterramento:** condutor nu ou envolto em material parcialmente condutor (concreto e outros) enterrado no solo com função de dissipação de corrente.

e) **Eletrodo natural de aterramento:** elemento condutor ligado diretamente à terra, cuja finalidade original não é de aterramento, mas que se comporta naturalmente como um eletrodo de aterramento.

f) **Malha de aterramento:** conjunto de condutores interligados e enterrados no solo.

g) **Potenciais perigosos:** potenciais que podem provocar danos quando aplicados ao elemento tomado como referência.

h) **Resistência de aterramento (de um eletrodo):** resistência ôhmica entre o eletrodo de aterramento e o terra de referência.

i) **Resistividade aparente do solo:** resistividade vista por um sistema de aterramento qualquer, em um solo com característica de resistividade homogênea ou estratificado em camadas, cujo valor é utilizado para o cálculo da resistência de aterramento desse sistema.

j) **Resistividade elétrica do solo, resistência específica do solo ou, simplesmente, resistividade do solo:** resistência entre faces opostas do volume do solo, consistindo em um cubo homogêneo e isótropo, cuja aresta mede uma unidade de comprimento.

k) **Resistividade média do solo a dada profundidade:** valor de resistividade resultante da avaliação das condições locais e do tratamento estatístico dos resultados de diversas medições de resistividade do solo para aquela profundidade, efetuada em uma determinada área ou local, e que possa ser considerado como representativo das características elétricas do solo.

l) **Sistema de aterramento:** conjunto de todos os eletrodos e condutores de aterramento interligados entre si, assim como partes metálicas que atuam com a mesma função, como pés de torre, armadura de fundações, estacas metálicas e outros.

m) **Tensão de passo:** diferença de potencial entre dois pontos da superfície do solo, separados pela distância do passo de uma pessoa, considerado igual a 1 m.

n) **Tensão de toque:** diferença de potencial entre uma estrutura metálica aterrada e um ponto da superfície do solo, separado por uma distância horizontal equivalente ao alcance normal do braço de uma pessoa, e considerado igual a 1 m.

o) **Tensão máxima do sistema de aterramento:** tensão máxima que um sistema de aterramento pode atingir relativamente à terra de referência, quando ocorre injeção de corrente para o solo.

p) **Terra de referência:** região do solo suficientemente afastada da zona de influência de um eletrodo ou sistema de aterramento, tal que a diferença de potencial entre dois de seus pontos, devido à corrente que circula pelo eletrodo para a terra, seja desprezível. É uma superfície praticamente equipotencial que se considera como zero para referência de tensões elétricas.

q) **Terra de referência para um eletrodo de aterramento (ou ponto remoto):** região do solo suficientemente afastada da zona de influência de um eletrodo ou sistema de aterramento, tal que a diferença de potencial entre dois de seus pontos, devido à corrente que circula pelo eletrodo para a terra, seja desprezível. É uma superfície praticamente equipotencial que se considera como zero para referência de tensões elétricas.

## 11.3 Resistividade do Solo

A resistividade do solo é a primeira informação necessária para o cálculo da resistência de aterramento e elaboração de um projeto de aterramento.

Em termos teóricos, a resistividade de um solo é a resistência medida entre duas faces opostas de um cubo, de composição homogênea, com 1 m de aresta, constituído por uma amostra do solo em análise, representada por sua unidade de medida (ohm). A resistividade do solo depende essencialmente da composição do terreno (solo arável, areia úmida, betão, gravilha) e também do comportamento sazonal. Um solo úmido apresenta uma resistividade inferior a um terreno seco.

É muito importante conhecer as características do solo para o projeto de aterramento, especialmente a resistividade elétrica.

A resistividade depende dos seguintes fatores:

a) compactação;

b) composição química;

c) concentração dos sais dissolvidos na água retida;

d) pressão;

e) tamanho e disposição da partícula do material;

f) temperatura;

g) teor de umidade;

h) tipo de solo.

A resistividade do solo representa o valor médio obtido por meio de medições realizadas com equipamentos e metodologias adequados. O aterramento elétrico é considerado adequado quando se obtém o menor valor possível de resistência.

**Quadro 11.1** | Variação da resistividade de acordo com o tipo de solo

| Tipos de solo | ρ (Ω/m) |
|---|---|
| Água do mar | < 10 |
| Alagadiço, limo | Até 150 |
| Húmus | 10 a 150 |
| Lama | 5 a 100 |
| Água destilada | 300 |
| Argila com 40% de umidade | 80 |
| Argila com 20% de umidade | 330 |
| Argila seca | 1.500 a 5.000 |
| Areia com 90% de umidade | 1.300 |
| Solo pedregoso nu | 1.500 a 3.000 |
| Solo pedregoso coberto com relva | 300 a 500 |
| Areia comum | 3.000 a 8.000 |
| Calcário fissurado | 500 a 1.000 |
| Calcário compacto | 1.000 a 5.000 |
| Granito | 1.500 a 10.000 |
| Basalto | 10.000 a 20.000 |

O solo pode ser composto por vários tipos diferentes de solo, que apresentam resistividades diferentes.

A medição da resistividade do solo é de extrema importância para o correto dimensionamento da malha de aterramento. O valor de medição obtido norteia a metodologia e, ainda, a escolha dos materiais que devem ser utilizados na malha de aterramento, bem como a necessidade de tratamento químico do solo. Além disso, fornece informações importantes para determinar os potenciais de passo e de toque.

A primeira informação básica e necessária para a elaboração de um projeto de aterramento é conhecer previamente as características do solo, principalmente no que diz respeito à sua constituição.

Essa medição pode ser realizada de duas maneiras:

a) **Medição por amostragem:** realizada em laboratório, ensaiando-se uma amostra de solo coletado no local, cuja resistividade se deseja conhecer. Esse método apresenta o grande inconveniente de não assegurar que a amostra apresente em laboratório exatamente as mesmas características que apresentava no local de origem, principalmente em relação à umidade e à compactação.

b) **Medição local:** a partir da utilização de equipamento dotado de eletrodos adequadamente posicionados, é possível caracterizar, pela detecção dos potenciais estabelecidos nas imediações, a composição do solo, em termos de sua resistividade.

## 11.3.1 Métodos de Medição da Resistividade do Solo

Em geral, os solos não apresentam homogeneidade, sendo formados por diversas camadas de resistividade, além de profundidade diferentes. Devido à formação geológica, essas camadas costumam ser horizontais e paralelas à superfície do solo. Além disso, são encontrados diferentes valores de resistividade nessas camadas. Como consequência, há variação na dispersão da corrente, o que deve ser considerado no projeto de sistema de aterramento e proteção contra descargas atmosféricas.

O valor da resistividade do solo varia em função de tipo, profundidade das camadas, nível de umidade, idade de formação geológica, temperatura, salinidade, assim como outros fatores externos, como contaminação e compactação.

Esse valor é determinado por meio de medições que visam obter a estratificação do solo em camadas horizontais, de diferentes resistividades e espessuras definidas. Dessa forma, há a necessidade de utilizar meios e métodos que não necessitem de prospecções geológicas, o que, certamente, inviabilizaria os estudos para implantação de sistemas de aterramento.

Os métodos de medição mais conhecidos são:

a) amostragem física do solo;

b) método da variação de profundidade;

c) método dos dois pontos;

d) método dos quatro eletrodos.

O método dos quatro eletrodos é o mais aplicado para medição da resistividade média de grandes volumes de terra. Ele apresenta os arranjos a seguir:

a) arranjo do eletrodo central;

b) arranjo de Lee;

c) arranjo de Wenner;

d) arranjo Schlumberger-Palmer.

O arranjo dos quatro pontos igualmente espaçados, denominado arranjo de Wenner, é o mais conhecido e utilizado. Neste livro, consideraremos apenas este método.

## 11.3.2 Método de Wenner

No método de Wenner, devem ser cravadas quatro hastes verticais no solo, alinhadas e separadas por idêntica distância. A parte cravada no solo não deve exceder 10% da distância entre as hastes. Um terrômetro de 4 terminais tem seus dois terminais de corrente ligados às hastes externas e os terminais de potencial correspondentes, ligados as hastes internas, conforme ilustrado na Figura 11.1.

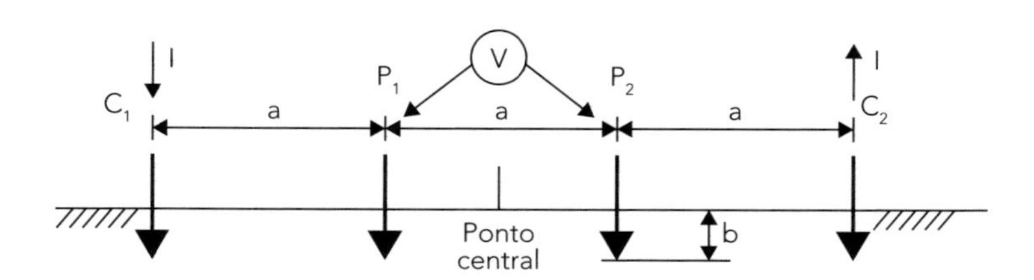


**Figura 11.1** | Montagem do arranjo de Wenner: (a) espaçamento; (b) profundidade de medida.
Fonte: adaptado da norma NBR 7117:2012.

A medição consiste em injetar corrente elétrica no solo, utilizando a fonte do equipamento que está interligada aos terminais C1 e C2. Os terminais P1 e P2 são utilizados para medir os valores de potencial existentes no solo. Com base nesses valores, o display do equipamento indicará o valor corresponde de resistividade do solo naquele ponto.

A Figura 11.2 exibe um terrômetro utilizado na medição de resistividade do solo com seu esquema elétrico simplificado, com as conexões aos eletrodos igualmente espaçadas a uma distância "a".

O terrômetro deve possuir 4 bornes denominados (E), (ES), (S) e (H).Os bornes externos (E) e (H) geram uma corrente por meio do solo medida pelo circuito de corrente do instrumento, enquanto os bornes internos (ES) e (S) medem a tensão produzida no solo.

Para realizar uma medição de resistividade do solo, os bornes (E) e (ES) não podem estar conectados entre si.

A tensão registrada entre (S) e (ES) dividida pela corrente gerada por (H) e (E) resulta na resistência medida.

As resistências $R_1$, $R_2$, $R_3$ e $R_4$ representam as resistências de aterramento dos eletrodos auxiliares. Já $R_i$ representa a resistência que o solo oferece para uma determinada profundidade, a qual é considerada igual à distância de espaçamento dos eletrodos.

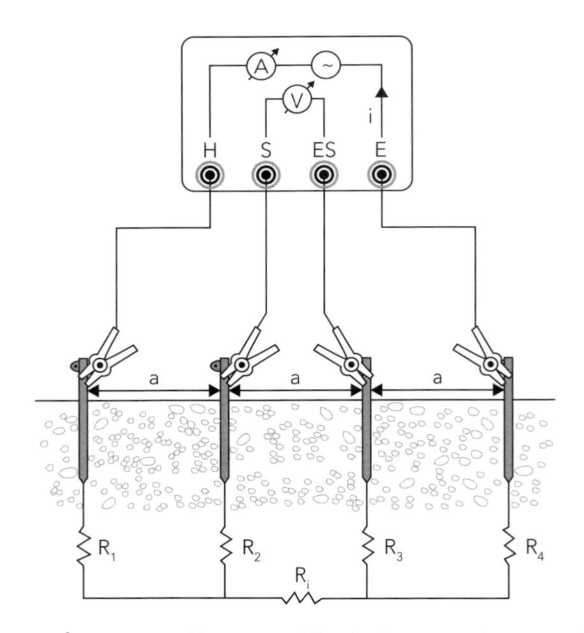


**Figura 11.2** | Esquema elétrico simplificado de um terrômetro e do circuito imposto pelo solo durante a medição de resistividade.

Fonte: adaptado da norma NBR 7117:2012.

Para se realizar uma medição correta, é necessário:

a) que as hastes possuam aproximadamente 50 cm de comprimento e diâmetro entre 10 e 15 mm;

b) utilizar hastes limpas e isentas de óxidos ou gorduras;

c) manter as hastes alinhadas durante a medição, igualmente espaçadas e cravadas a mesma profundidade (20 a 30 cm);

d) o aparelho e a carga da bateria deverão estar em boas condições, e durante a medição ele deverá estar posicionado simetricamente entre as hastes;

e) a condição úmida ou seca do solo deverá ser levada em consideração;

f) por questões de segurança, devem ser utilizados equipamentos de proteção individual durante a realização das medições.

A medição correta da resistividade do solo ainda considera o afastamento entre estacas para cada direção do terreno (longitudinal e transversal). É recomendado que, para cada direção, o afastamento "a" entre estacas observe os seguintes valores: 1, 2, 4, 6, 8, 16 e 32 m, em que a leitura dos diversos valores de resistência é feita em ohms. É possível calcular os valores de resistividade em ohms × metro de acordo com a Equação 11.1:

$$\rho = 2\,\pi\,a\,R\ [\Omega \cdot m] \qquad \text{(Equação 11.1)}$$

A localização dos pontos e das direções das medições dependem da geometria da área e das características locais. A NBR 7117:2012 recomenda que o procedimento de medição seja realizado com base em espaçamentos e direções padronizados, sendo que o maior espaçamento deve abranger, no mínimo, a diagonal do terreno.

O número mínimo de linhas de medição e os croquis recomendados para medições em áreas retangulares são apresentados na Tabela 11.1, considerando a área do terreno.

**Tabela 11.1** | Número mínimo de linhas de medição por faixa de área

| Área do terreno ($m^2$) | Número mínimo de linhas | Figura |
|---|---|---|
| < 1.000 | 2 | 11.3 (a) |
| Entre 1.000 e 2.000 | 3 | 11.3 (b) |
| Entre 2.000 e 5.000 | 4 | 11.3 (c) |
| Entre 5.000 e 10.000 | 5 | 11.3 (d) |
| Entre 10.000 e 20.000 | 6 | 11.3 (e) |

A Figura 11.3 mostra os croquis de medição, em que as linhas A, B, C, D, E e F representam as linhas de medição.

Considerando as variações entre os valores obtidos nas diversas linhas de medição para uma mesma distância entre eletrodos, deve-se aumentar o número de linhas de medição quanto maior for a discrepância encontrada entre os resultados.

A umidade, em decorrência de chuvas, deve ser considerada no resultado obtido de resistividade do solo. É indicado realizar uma medição no período mais crítico, quando o solo está seco, ou seja, após um período de 7 dias sem chuvas.

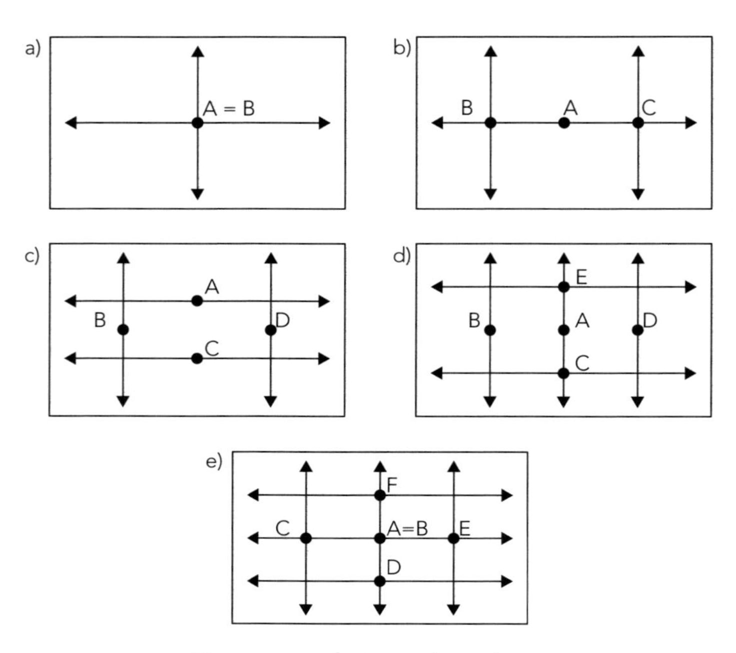


**Figura 11.3** | Croqui de medição.

Fonte: adaptado da norma NBR 7117:2012.

Para medições em áreas acima de 20 mil $m^2$, recomenda-se dividir o terreno remanescente em áreas de até 10 mil $m^2$, acrescentando-se linhas de medição equivalentes às descritas na Tabela 11.1. Assim, para uma área de 25 mil $m^2$, executa-se $(6 + 4) = 10$ linhas de medição.

Após a medição, os dados devem ser reunidos em tabelas para avaliar quais devem ser considerados ou desprezados. Essa avaliação deve ser realizada da seguinte forma:

a) calcular a média aritmética dos valores de resistividade calculados para cada espaçamento;

b) com base nessas médias, calcular a diferença entre cada valor de resistividade e a média de seu espaçamento;

c) desprezar todos os valores de resistividade que tenham desvio superior a 50% em relação à média. Todos os valores com desvio abaixo de 50% serão aceitos;

d) caso seja observado um elevado número de desvios acima de 50%, recomenda-se realizar novas medidas no local. Se a ocorrência dos desvios persistir, deveremos considerar essa região independente para efeito de modelagem;

e) com os dados já analisados, calcula-se novamente a média aritmética das resistividades remanescentes;

f) com as resistividades médias para cada espaçamento, tem-se os valores definitivos para traçar a curva $\rho \times a$, necessária ao procedimento das aplicações dos métodos de estratificação do solo.

Em que:

**$\rho$:** resistividade encontrada;

**a:** distância em metros.

## 11.4 Estratificação do Solo

Estratificação do solo é a divisão do solo em planos horizontais e paralelos com a superfície, determinando-se suas resistividades e respectivas profundidades das camadas.

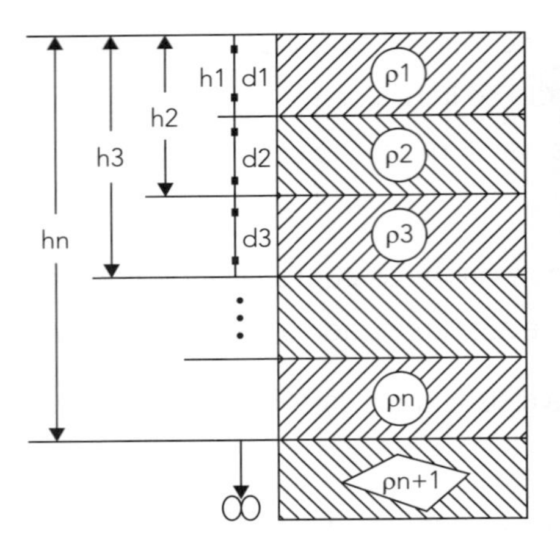

**Figura 11.4** | Camadas do solo com diferentes resistividades.

## Exemplo

### Cálculo da estratificação do solo

A Tabela 11.2 apresenta os valores de medição obtidos na medição de resistividade do solo com o emprego do arranjo de Wenner. Ela mostra como efetuar a estratificação do solo empregando a metodologia de duas camadas simplificadas.

**Tabela 11.2** | Valores de medição obtidos na medição de resistividade do solo

| Distância | Resistividade medida | | | | Resistividade média | Variação percentual | | | |
|---|---|---|---|---|---|---|---|---|---|
| m | A | B | C | D | | | | | |
| 2 | 1015,00 | 1149,00 | 927,00 | 845,00 | 984,00 | 3,15% | 16,77% | 5,79% | 14,13% |
| 4 | 986,00 | 924,00 | 959,00 | 951,00 | 955,00 | 3,25% | 3,25% | 0,42% | 0,42% |
| 6 | 913,00 | 847,00 | 885,00 | 783,00 | 857,00 | 6,53% | 1,17% | 3,27% | 8,63% |
| 8 | 847,00 | 745,00 | 627,00 | 565,00 | 696,00 | 21,70% | 7,04% | 9,91% | 18,82% |
| 10 | 595,00 | 560,00 | 535,00 | 474,00 | 541,00 | 9,98% | 3,51% | 1,11% | 12,38% |
| 12 | 456,00 | 345,00 | 383,00 | 288,00 | 368,00 | 23,91% | 6,25% | 4,08% | 21,74% |
| 16 | 371,00 | 244,00 | 292,00 | 201,00 | 277,00 | 33,94% | 11,91% | 5,42% | 27,44% |
| 22 | 273,00 | 305,00 | 203,00 | 139,00 | 230,00 | 18,70% | 32,61% | 11,74% | 39,57% |
| 32 | 211,00 | 241,00 | 280,00 | 108,00 | 210,00 | 0,48% | 14,76% | 33,33% | 48,57% |

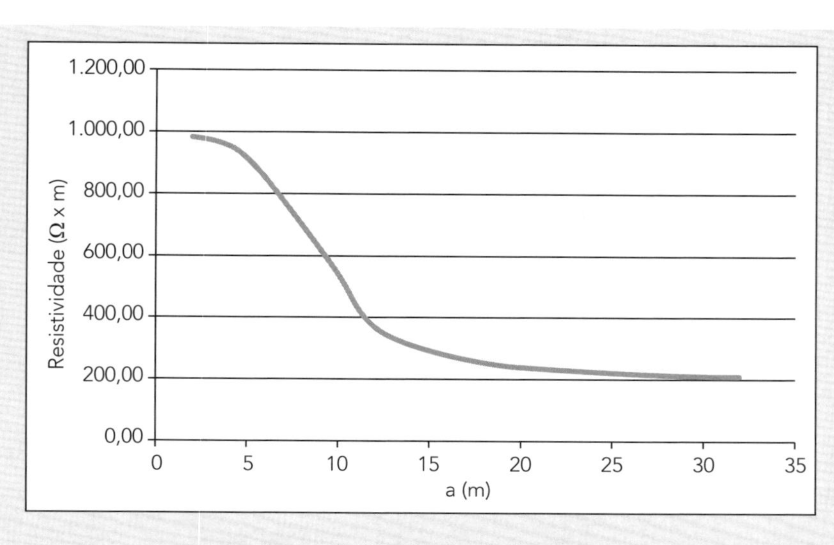


**Gráfico 11.1** | Curva levantada ρ × a.

Estendendo a curva até o eixo das ordenadas, obtém-se, por meio da leitura direta, o valor da resistividade da primeira camada. Dessa forma, ρ1 = 990 Ω × m.

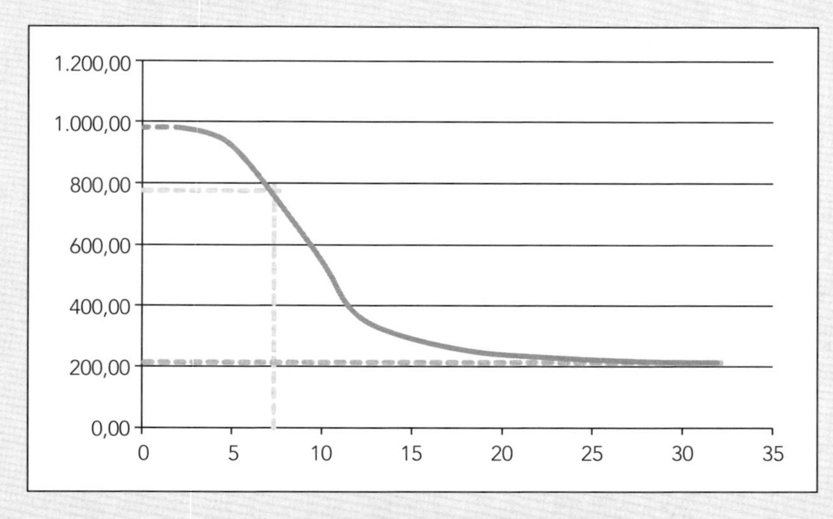


**Gráfico 11.2** | Curva ρ × a com assíntotas.

Estendendo a curva até o eixo das ordenadas (Gráfico 11.2) obtém-se, por meio da leitura direta, o valor da resistividade da segunda camada. Assim, ρ2 = 210 Ω · m.

▶▶ A relação $\rho2 / \rho1 = 210 / 990 = 0{,}21$.

A partir da Tabela 11.2, com interpolação, o valor de $M_o$ é 0,7821.

Dessa forma, o valor de ρm vale: $0{,}7821 \times 990 = 774{,}28\ \Omega \cdot m$.

Assim, a espessura da camada 1 é aproximadamente 7,16 m.

## 11.4.1 Método Simplificado para Estratificação do Solo em Duas Camadas

A estratificação do solo tem por objetivo definir as camadas verticais, profundidade e respectivas resistividades, conforme resume a Figura 11.5.

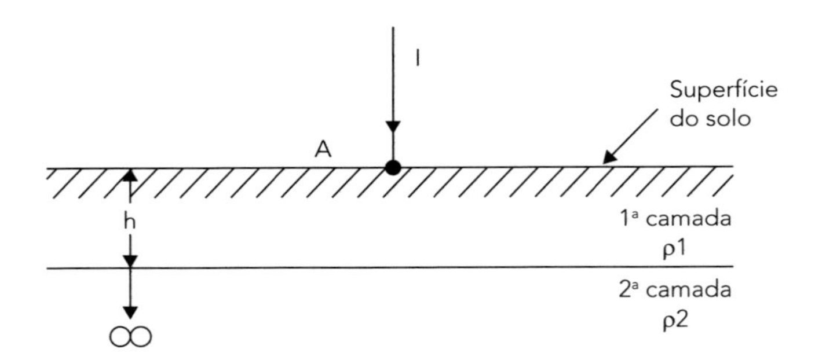


**Figura 11.5** | Camadas verticais.

É possível obter resultados razoavelmente precisos quando o solo puder ser considerado estratificado em duas camadas, ou seja, quando a curva ρ × a tiver uma das formas típicas indicadas no Gráfico 11.3.

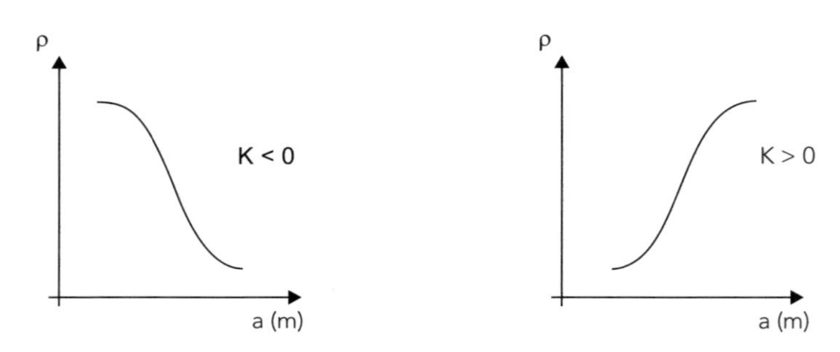


**Gráfico 11.3** | Formas típicas de solo estratificado.

Tendo em vista a pequena variação de valores do coeficiente de reflexão K, é possível traçar uma família de curvas teóricas em função de valores das relações ρ (a)/ρ1 e h/a.

Com base em curvas e equações, o procedimento de cálculo para definir a estratificação do solo em duas camadas pode ser resumido em:

a) traçar a curva ρ (a) × a com os dados obtidos pelo arranjo de Wenner;

b) prolongar a curva traçada até interceptar o eixo das ordenadas, obtendo diretamente o valor de ρ1, ou seja, a resistividade da primeira camada. Para facilitar esse processo, devemos efetuar várias medidas pelo arranjo de Wenner para pequenos espaçamentos;

c) traçar a assíntota à curva de resistividade e prolongá-la até o eixo das ordenadas. A interseção com o eixo indicará o valor da resistividade da camada inferior do solo (ρ2);

d) calcular a relação ρ2/ρ1;

e) com base no resultado da relação acima, determinar o valor de $M_o$ na Tabela 11.3;

f) calcular o valor de $\rho m = M_o \times \rho 1$;

g) com o valor de ρm definido, entrar na curva de resistividade ρ × a e determinar a espessura (d) da primeira camada do solo, ou seja, a camada superior.

**Tabela 11.3** | Valores de $M_o$

| $\rho_2/p_1$ | $M_0$ | $\rho_2/p_1$ | $M_0$ | $\rho_2/p_1$ | $M_0$ | $\rho_2/p_1$ | $M_0$ |
|---|---|---|---|---|---|---|---|
| 0,0010 | 0,6839 | 0,30 | 0,8170 | 6,50 | 1,331 | 19,00 | 1,432 |
| 0,0020 | 0,6844 | 0,35 | 0,8348 | 7,00 | 1,340 | 20,00 | 1,435 |
| 0,0025 | 0,6847 | 0,40 | 0,3517 | 7,50 | 1,349 | 30,00 | 1,456 |
| 0,0030 | 0,6850 | 0,45 | 0,8676 | 8,00 | 1,356 | 40,00 | 1,467 |
| 0,0040 | 0,6855 | 0,50 | 0,8827 | 8,50 | 1,363 | 50,00 | 1,474 |
| 0,0045 | 0,6858 | 0,55 | 0,8971 | 9,00 | 1,369 | 60,00 | 1,479 |
| 0,005 | 0,6861 | 0,60 | 0,9107 | 9,50 | 1,375 | 70,00 | 1,482 |
| 0,006 | 0,6866 | 0,65 | 0,9237 | 10,00 | 1,380 | 80,00 | 1,484 |
| 0,007 | 0,6871 | 0,70 | 0,9361 | 10,50 | 1,385 | 90,00 | 1,486 |
| 0,008 | 0,6877 | 0,75 | 0,9480 | 11,00 | 1,390 | 100,00 | 1,488 |
| 0,009 | 0,6882 | 0,80 | 0,9593 | 11,50 | 1,394 | 110,00 | 1,489 |
| 0,010 | 0,6887 | 0,85 | 0,9701 | 12,00 | 1,398 | 120,00 | 1,490 |
| 0,015 | 0,6914 | 0,90 | 0,9805 | 12,50 | 1,401 | 130,00 | 1,491 |

▶▶

**Tabela 11.3** | Valores de $M_o$

| $\rho_2/\rho_1$ | $M_0$ | $\rho_2/\rho_1$ | $M_0$ | $\rho_2/\rho_1$ | $M_0$ | $\rho_2/\rho_1$ | $M_0$ |
|---|---|---|---|---|---|---|---|
| 0,020 | 0,6940 | 0,95 | 0,9904 | 13,00 | 1,404 | 140,00 | 1,492 |
| 0,030 | 0,6993 | 1,00 | 1,0000 | 13,50 | 1,408 | 150,00 | 1,493 |
| 0,040 | 0,7044 | 1,50 | 1,078 | 14,00 | 1,410 | 160,00 | 1,494 |
| 0,050 | 0,7095 | 2,00 | 1,134 | 14,50 | 1,413 | 180,00 | 1,495 |
| 0,060 | 0,7145 | 2,50 | 1,177 | 15,00 | 1,416 | 200,00 | 1,496 |
| 0,070 | 0,7195 | 3,00 | 1,210 | 15,50 | 1,418 | 240,00 | 1,497 |
| 0,080 | 0,7243 | 3,50 | 1,237 | 16,00 | 1,421 | 280,00 | 1,498 |
| 0,090 | 0,7292 | 4,00 | 1,260 | 16,50 | 1,423 | 350,00 | 1,499 |
| 0,10 | 0,7339 | 4,50 | 1,278 | 17,00 | 1,425 | 450,00 | 1,500 |
| 0,15 | 0,7567 | 5,00 | 1,294 | 17,50 | 1,427 | 640,00 | 1,501 |
| 0,20 | 0,7781 | 5,50 | 1,308 | 18,00 | 1,429 | 1000,00 | 1,501 |
| 0,25 | 0,7981 | 6,00 | 1,320 | 18,50 | 1,430 | | |

## Exemplo

### Cálculo da resistência de terra de uma haste

Considerando a instalação de uma haste de aterramento com 2,40 m de comprimento e diâmetro 15 mm, integrante do sistema de aterramento, cravada verticalmente em solo com ρa = 100 Ω · m, a resistência de terra da haste é dada por:

$$R_{1haste} = \rho a / 2\pi L \times \ln (4 L/d)$$ **(Equação 11.2)**

Em que:

**ρa:** resistividade do solo;

**L:** comprimento da haste;

**d:** diâmetro da haste.

Portanto, a resistência da haste é: (100 / 2 × π × 2,40) × ln (4 × 2,40 / 0,015)

$$R_{1haste} = 42,85\ \Omega$$ **(Equação 11.3)**

# Aplicações em Alta Tensão

# 12

## 12.1 Proteção dos Equipamentos em Alta Tensão

As linhas e os equipamentos integrantes do sistema de transmissão e distribuição de energia estão submetidos aos efeitos provocados por ocorrência de descargas atmosféricas ou manobras realizadas nas instalações.

Sejam por manobras ou em razão de surtos atmosféricos, ocorrem no sistema elétrico sobretensões que podem resultar em danos consideráveis para os equipamentos da concessionária ou do consumidor de energia elétrica.

A proteção desses equipamentos e instalações deve ser providenciada e implantada com acessórios apropriados, que possuem a característica de minimizar as sobretensões e, consequentemente, reduzir os danos decorrentes das sobretensões geradas no sistema elétrico de potência.

São usados equipamentos denominados para-raios, cujo objetivo é reduzir as consequências danosas no sistema elétrico, provocadas por surtos decorrentes de manobras e descargas atmosféricas.

Este capítulo aborda as características dos equipamentos destinados à proteção de equipamentos e instalações que operam em alta tensão.

Vale lembrar que serão considerados supridos em alta tensão os equipamentos e as instalações que operem com valores superiores a 1 kV, em tensão alternada, e 1,5 kV em tensão contínua, conforme define a NR-10.

### 12.1.1 Proteção de Linhas

As linhas de transmissão chegam a ser desligadas em decorrência de descarga atmosférica em cerca de 70% das ocorrências. As linhas de distribuição têm cerca de 30% dos desligamentos decorrentes dessas descargas. Dessa forma, as descargas atmosféricas são consideradas responsáveis por uma parcela expressiva das falhas e interrupções não programadas de fornecimento de energia em sistemas elétricos.

As linhas geralmente estão em áreas com alto índice de descargas atmosféricas, aumentando a probabilidade de desligamentos oriundos dessas ocorrências. Também podem provocar danos permanentes a equipamentos pertencentes ao sistema de transmissão e distribuição de energia, resultando em perda de dados e paradas produtivas. Isso influencia de forma significativa, e de maneira negativa, os índices de qualidade de energia, mesmo em regiões com moderados níveis de chuva.

As descargas, na maioria das vezes, causam sobretensões transitórias de elevada amplitude que se propagam ao longo da linha, podendo percorrer quilômetros do local da descarga atmosférica. Seu efeito no circuito fica em forma de ressonância de um lado a outro até que retorne à normalidade.

As sobretensões que excedem os níveis de isolamento da rede podem evoluir para arcos de potência, chegando a provocar falha entre fases e circuitos fixos em uma mesma estrutura (torre).

Em descargas entre fases, geralmente entram em ação os dispositivos de proteção para eliminar o problema, evitando-se que provoque um desligamento em cascata, resultando em blecaute.

Os SPDA, quando aplicados em linhas de transmissão, possuem captores denominados cabo guarda. O dimensionamento desses cabos depende de vários fatores:

a) característica dos cabos guarda utilizados;

b) resistência da malha de terra das subestações;

c) resistência de aterramento das torres;

d) impedância de falta;

e) resistividade do solo;

f) tempo de atuação da proteção;

g) tipo de condutor;

h) tipo de torre;

i) vãos entre torres.

## 12.1.2 Proteção de Subestações

As subestações de energia elétrica possuem em suas instalações equipamentos que podem ser submetidos a elevados níveis de tensão em função da ocorrência de descargas atmosféricas, que podem ser originadas de descargas diretas na subestação ou de descargas diretas ou indiretas nas linhas de transmissão que chegam à subestação.

As malhas de aterramento das subestações são construídas para que tenham um valor baixo de resistência, sendo normalmente inferior a 10 Ω. Esses valores são imprescindíveis para que as descargas atmosféricas que atingem o sistema de proteção (cabos para-raios e mastros) tenham efeitos praticamente nulos.

Com a baixa resistência de aterramento, o potencial no topo dos pórticos é reduzido de maneira rápida, impedindo a disrupção elétrica por meio dos isoladores. A ocorrência de descargas atmosféricas que atinjam diretamente barramentos, condutores e equipamentos no interior das subestações deve ser um evento extremamente raro.

Na proteção contra descargas atmosféricas das subestações, a altura de mastros, cabos para-raios em relação ao solo e elementos protegidos (Figura 12.1) deve ser adequada para impedir que a descarga de origem atmosférica atinja os equipamentos e provoque desligamentos de centros de cargas.

**Figura 12.1** | Blindagem contra descargas atmosféricas em subestações.

**Figura 12.2** | Para-raios de linha de subestação e cabo para-raios da linha de transmissão.

### 12.1.3 Proteção de Cabines

Assim como as subestações, as cabines primárias (subestações dos consumidores) necessitam de SPDA para a proteção de pessoas e equipamentos instalados.

As companhias de distribuição de energia apresentam em seus manuais técnicos a obrigatoriedade da utilização desses dispositivos internamente às instalações, com a respectiva especificação em função dos níveis de tensão da rede de distribuição.

## 12.2 Para-raios Válvula

A instalação do para-raios válvula (Figuras 12.3 e 12.4) tem o objetivo de proteger os equipamentos da rede de distribuição e subestações de descargas atmosféricas, ou de distúrbios no circuito causados por manobras e chaveamento, que provocam elevação da tensão e corrente. Os principais equipamentos protegidos são:

a) cabos;

b) capacitores;

c) disjuntores;

d) relés de proteção como os de sobrecorrente e sobretensão;

e) transformadores de corrente (TC);

f) transformadores de força;

g) transformadores de potencial (TP), entre outros.

A denominação válvula veio por semelhança com o sistema de ar comprimido. Em sobrepressão, a válvula se abre; extinta a sobrepressão, a válvula se fecha. No caso dos circuitos em que o para-raio está instalado, quando a tensão estiver dentro do valor nominal, o para-raio mantém uma impedância alta isolando o circuito em relação à terra. Quando acontece uma sobretensão acima do valor definido para a instalação, o para-raio tem sua impedância reduzida a um valor baixo, permitindo a passagem da descarga atmosférica ou proveniente de chaveamento para terra.

**Figura 12.3** | Para-raios válvula.

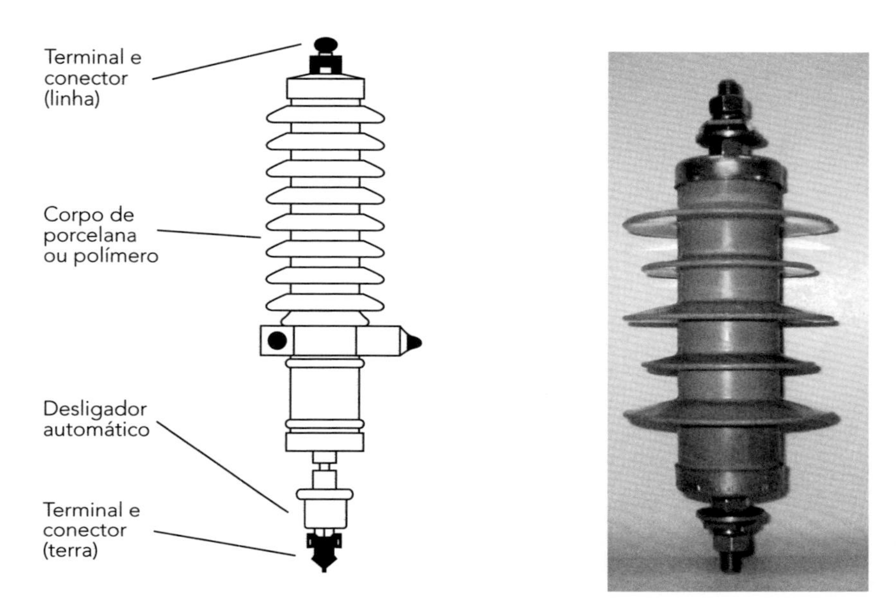


**Figura 12.4** | Para-raios válvula com invólucro polimérico.

Os para-raios devem possuir alta resistência dielétrica em regime normal de trabalho, impossibilitado a passagem de corrente nominal do circuito em relação à terra, já que sua instalação fica em paralelo no circuito, tendo sua conexão de entrada na rede e sua conexão de saída no sistema de aterramento da instalação.

No momento da descarga atmosférica, o para-raio deve possuir baixa resistência, facilitando o escoamento da corrente elétrica da descarga para a terra.

# Conceitos de Aterramento das Instalações Elétricas

# 13

## 13.1 Introdução

Com a evolução da espécie humana, começou a ser necessário construir abrigos. Com as moradias, veio a dependência da eletricidade para produzir bens, lazer, conforto etc. No entanto, o homem foi obrigado a desenvolver sistemas de proteção contra forças da natureza, em especial as descargas atmosféricas, que causam acidentes envolvendo pessoas, danos nas edificações, instalações elétricas, sistemas de telefonia e transmissão de dados.

O avanço da eletrônica moderna e dos sistemas de comunicação e de tecnologia da informação culminou no desenvolvimento de equipamentos sensíveis às variações de tensão, decorrentes dos distúrbios relacionados com a qualidade de energia elétrica[1] causados por descargas atmosféricas.

As descargas atmosféricas são responsáveis por um número significativo de falhas e danos que ocorrem nos equipamentos eletrônicos sensíveis e de alto valor agregado. Também pode causar interrupções não programadas no fornecimento de energia em sistemas elétricos.

Assim, é necessário adotar MPS para a proteção interna da estrutura. Isso abrange a proteção das instalações elétricas de energia e de sinal, equipamentos e pessoas, sendo constituída por Dispositivos de Proteção contra Surtos (DPS), equipotencialização, roteamento de cabos, minimização dos laços (loops), blindagens espaciais, malhas de referência, entre outras.

Para que essas MPS sejam eficientes, é necessário que as instalações elétricas da edificação atendam à norma ABNT NBR 5410:2008. Caso contrário, as instalações elétricas podem se tornar inoperantes.

Neste capítulo serão apresentados os esquemas de aterramento descritos nas normas ABNT NBR 5410:2004 e ABNT NBR 14039:2005.

1 Mais informações sobre distúrbios na rede elétrica e qualidade da energia elétrica podem ser encontrados na publicação *Gerenciamento de Energia – Ações administrativas e técnicas de uso adequado da energia elétrica* (Editora Érica).

# 13.2 Sistemas de Aterramento de Instalações em Baixa Tensão

As instalações elétricas utilizadas pelas pessoas em geral podem ser alimentadas pela conexão com a rede em baixa tensão das distribuidoras de energia elétrica. Essa rede pode ser afetadas por descargas atmosféricas.

É conveniente salientar que os circuitos de distribuição de energia elétrica são dotados de proteções, cuja finalidade é escoar rapidamente as correntes originadas das sobretensões atmosféricas e de manobras para o sistema de aterramento.

De acordo com a NBR 5410:2004, a instalação elétrica deve ser realizada com base em um projeto que contemple o dimensionamento de condutores e dispositivos de proteção e um sistema de aterramento seguro e eficiente.

Essa necessidade é evidenciada nos itens extraídos da NBR 5410:2004 – Instalações Elétricas de Baixa Tensão.

> 5.1.2.2.3.1 Todas as massas da instalação situadas em uma mesma edificação devem estar vinculadas à equipotencialização principal da edificação e, dessa forma, a um mesmo e único eletrodo de aterramento. Isso sem prejuízo de equipotencializações adicionais que se façam necessárias, para fins de proteção contra choques e/ou de compatibilidade eletromagnética.

## 13.2.1 Eletrodos de Aterramento

Toda edificação deve dispor de uma infraestrutura de aterramento, denominada eletrodo de aterramento. São admitidas as seguintes opções:

a) preferencialmente, uso das próprias armaduras do concreto das fundações;

b) uso de fitas, barras ou cabos metálicos, especialmente previstos, imersos no concreto das fundações;

c) uso de malhas metálicas enterradas no nível das fundações, cobrindo a área da edificação e complementadas, quando necessário, por hastes verticais e/ou cabos dispostos radialmente;

d) no mínimo, uso de anel metálico enterrado, circundando o perímetro da edificação e complementado, quando necessário, por hastes verticais e/ou cabos dispostos radialmente.

O desenvolvimento do projeto considera a obtenção de valores de resistividade e a estratificação das camadas do solo, conforme visto no Capítulo 11. Diante dos valores obtidos, o projetista considera a utilização de materiais e metodologias apropriados.

A escolha dos materiais e sua aplicabilidade estão associadas ao comportamento em função da formação do solo. A localização da camada de menor resistividade determina o emprego de hastes de aterramento ou cordoalhas enterradas, em função da sua profundidade.

Conforme a NBR 5419:2004, são obrigatórios o aterramento da instalação elétrica e a respectiva equipotencialização do sistema de aterramento de proteção das estruturas.

## Atenção

### NBR 5419:2004

Uma ligação equipotencial deve ser efetuada:

a) nas tubulações, linhas elétricas e de sinal que adentram a estrutura;

b) nas tubulações metálicas que adentram a estrutura;

c) acima do nível do solo, em intervalos verticais não superiores a 20 m, para estruturas com mais de 60 m de altura.

O projetista deve ainda definir o esquema de aterramento a ser implantado na instalação elétrica. Essa escolha deve ser feita com base nos esquemas de aterramento padronizados, conforme a NBR 5410:2004. Os esquemas de aterramento padronizados são denominados por letras, conforme designação a seguir. Vale ressaltar que a primeira letra informa como o alimentador encontra-se em relação à terra.

a) **T:** diretamente aterrado.

b) **I:** aterrado por meio da existência de impedância ou isolado da terra.

Já a segunda letra define como as massas da instalação elétrica encontram-se em relação à terra.

a) **T:** diretamente aterradas, independentemente do ponto de aterramento da alimentação elétrica.

▶▶

b) **N:** as massas estão ligadas ao ponto de alimentação aterrado. Nas instalações em corrente alternada, o ponto aterrado normalmente corresponde ao condutor neutro.

Letras eventuais podem ser utilizadas em definição do neutro e do condutor de proteção.

a) **S:** o condutor neutro é distinto do condutor de proteção.

b) **C:** o neutro e o condutor de proteção são constituídos por condutor único, denominado condutor PEN, o qual combina as funções de neutro e condutor de proteção.

As instalações elétricas podem ser alimentadas por meio de conexões com a rede – monofásica, bifásica ou trifásica – da distribuidora de energia. A entrada de energia normalmente está interligada ao quadro de distribuição geral, que contém o dispositivo de seccionamento e proteção geral, além dos dispositivos de seccionamento e de proteção dos circuitos alimentadores de diversas cargas. Independentemente do número de fases (F) da instalação, utilizam-se os componentes esquematizados a seguir:

**1)** caixa, normalmente metálica. Compartimento superior: aloja o medidor de energia elétrica (compatível com as fases da instalação). Compartimento inferior: aloja o dispositivo de seccionamento e proteção geral (disjuntor ou elemento fusível);

**2)** haste de aterramento e caixa de inspeção;

**3)** condutores de interligação de caixa de entrada e medição até o quadro de distribuição geral (1F + N, 2F + N ou 3F + N);

**4)** quadro de distribuição geral da instalação;

**5)** tomadas de uso geral e/ou específico (1F + N + T);

**6)** tomadas de uso geral e/ou específico (2F + T);

**7)** carga trifásica (3F + T);

**N)** condutor/barramento – neutro;

**T)** condutor/barramento – terra;

**R)** caixa de resistência;

**PE)** condutor de proteção ou fio terra.

## 13.2.2 Esquema de Aterramento TT

No esquema de aterramento TT, o condutor neutro e as massas da instalação estão diretamente ligados a terra, não apresentando conexão física entre si. Em uma eventual falta, a corrente elétrica retorna à fonte, utilizando o solo como condutor.

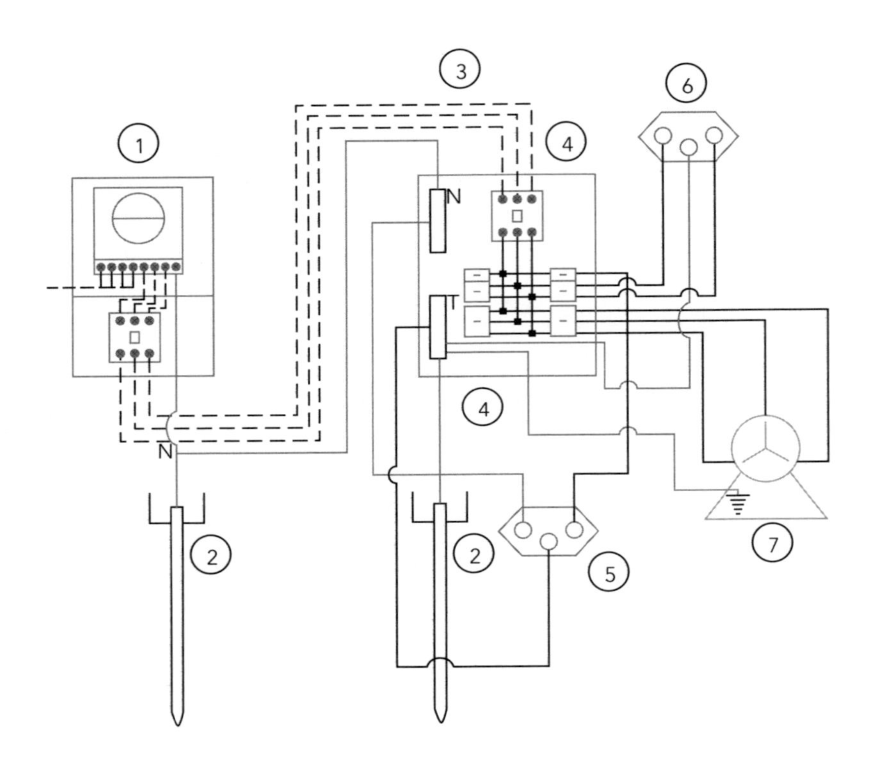


**Figura 13.1** | Esquema de aterramento TT.

Para garantir o seccionamento automático da alimentação no esquema de aterramento TT, deve ser empregado o dispositivo de ação residual (IDR ou DDR), que pode ser de baixa sensibilidade, ou seja, é indicado para interromper correntes de fuga em torno de 500 mA.

Cabe lembrar que, para a proteção contra choque elétrico, o dispositivo (IDR ou DDR) deve atuar com corrente de fuga igual ou superior a 30 mA em tempo menor do que 200 ms.

## 13.2.3 Esquema de Aterramento TN

O esquema de aterramento TN é caracterizado pelo condutor neutro diretamente aterrado, enquanto as massas da instalação são aterradas por meio da conexão com o condutor neutro. O esquema de aterramento TN subdivide-se em TN-S, TN-C e TN-CS.

### 13.2.3.1 Esquema de Aterramento TN-S

No esquema de aterramento TN-S, o condutor neutro e o de proteção são independentes.

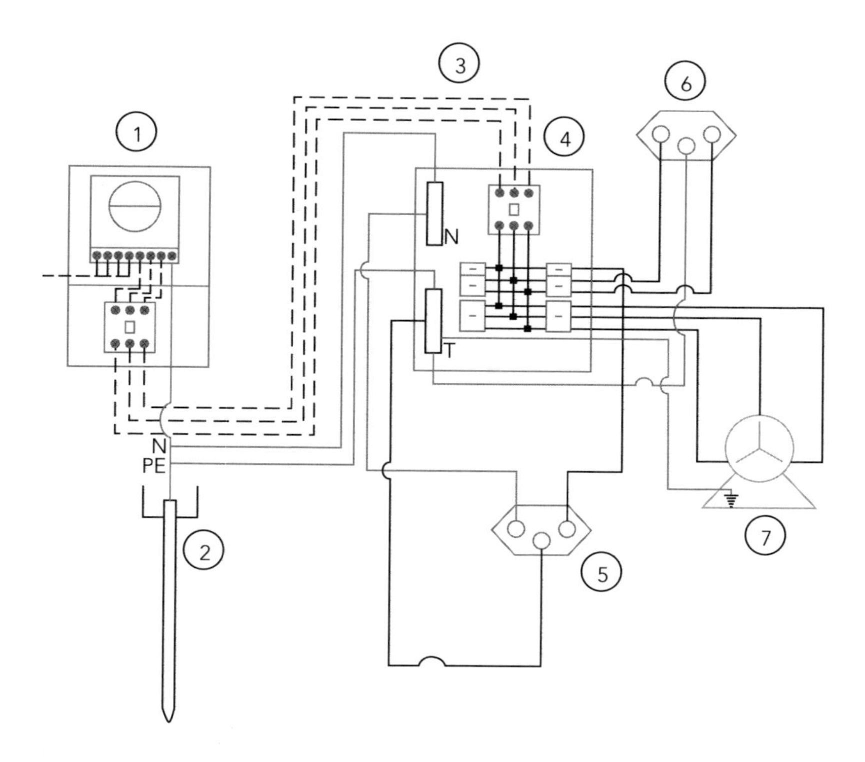


**Figura 13.2** | Esquema de aterramento TN-S.

O seccionamento automático da alimentação é garantido por altas correntes no caso de faltas entre fase e terra.

### 13.2.3.2 Esquema de Aterramento TN-C

Esse esquema de aterramento combina o neutro com o condutor de proteção, que é denominado condutor PEN. Vale lembrar que, nesse esquema, o rompimento do condutor neutro, em termos de segurança elétrica, implica a ausência de aterramento das massas da instalação.

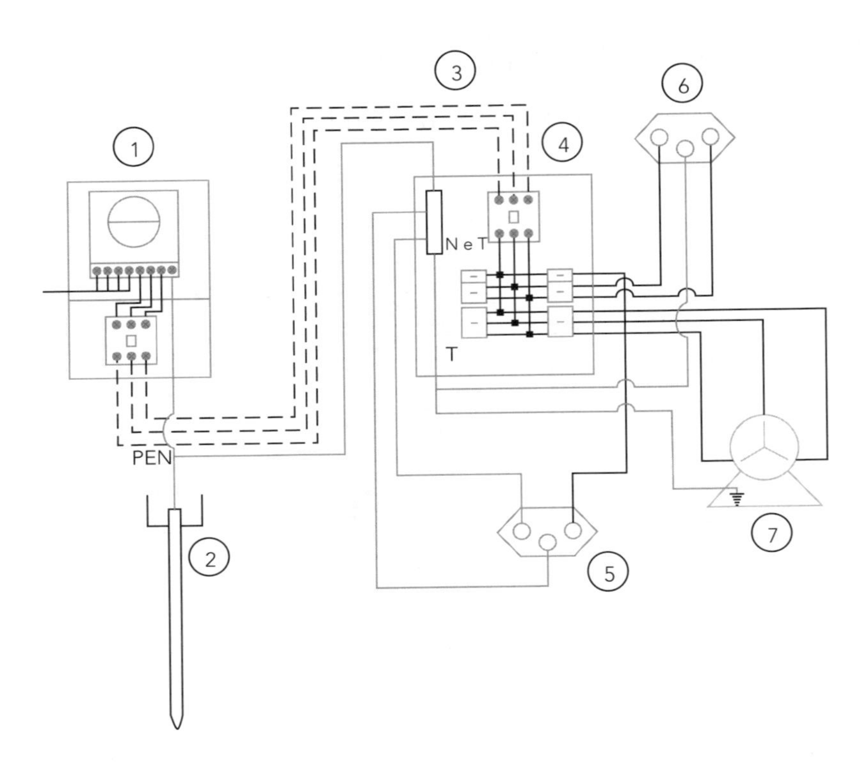


**Figura 13.3** | Esquema de aterramento TN-C.

### 13.2.3.3 Esquema de Aterramento TN-CS

No esquema de aterramento TN-CS neutro e condutor de proteção são comuns em parte da instalação e separados em outra, conforme representado na Figura 13.4.

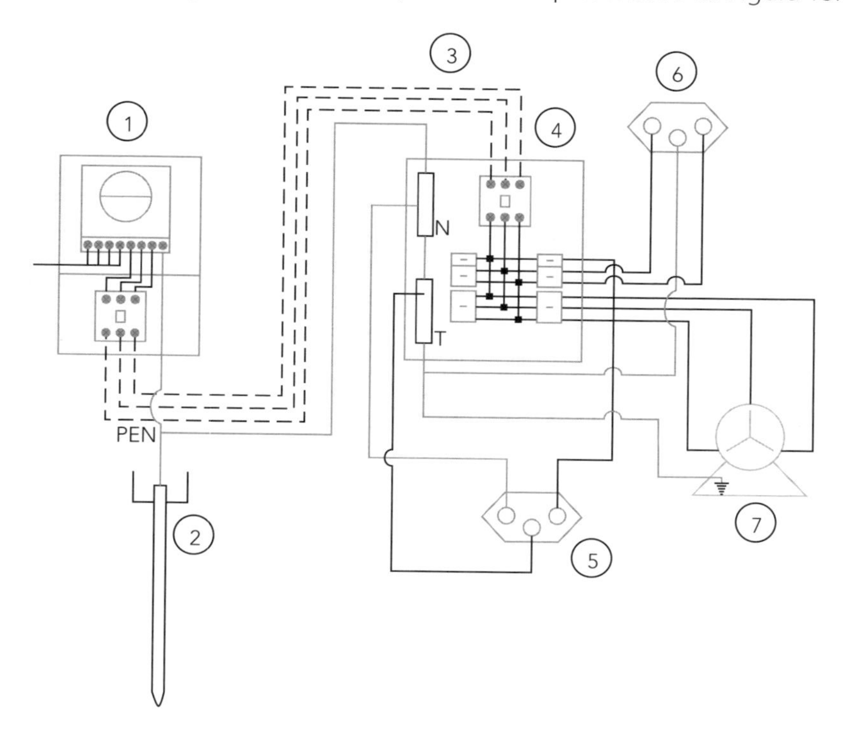


**Figura 13.4** | Esquema de aterramento TN-CS.

## 13.3 Esquema de Aterramento IT

No esquema de aterramento IT, o aterramento do condutor neutro é realizado através da impedância constituída por uma caixa de resistência, com a finalidade de reduzir a corrente de falta e evitar o seccionamento automático da alimentação quando da ocorrência da primeira falta.

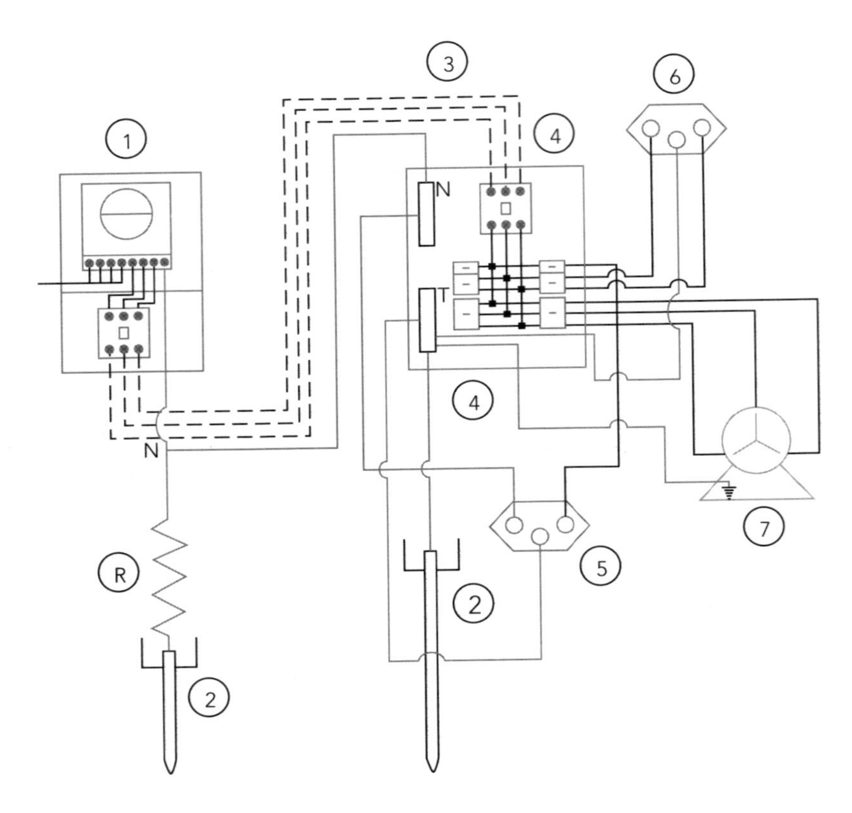


**Figura 13.5** | Esquema de aterramento IT.

## 13.4 Sistemas de Aterramento de Instalações em Alta Tensão

De forma análoga à alimentação de baixa tensão, as instalações elétricas em média tensão (alta pela NR-10) possuem esquemas de aterramento padronizados pela NBR 14039 (instalações elétricas de média tensão de 1,0 a 36,2 kV), definidos por três letras:

A primeira letra apresenta a situação da alimentação em relação a terra, que pode ser:

a) **T:** ponto de alimentação (geralmente o neutro) diretamente aterrado.

b) **I:** isolação de todas as partes vivas em relação à terra ou aterramento de um ponto através de uma impedância.

A segunda letra define a situação das massas da instalação elétrica em relação a terra:

a) **T:** massas diretamente aterradas, independentemente do aterramento eventual de ponto de alimentação.

b) **N:** massas ligadas diretamente ao ponto de alimentação aterrado (em corrente alternada, o ponto aterrado é normalmente o neutro).

A terceira letra apresenta situação de ligações eventuais com as massas da subestação:

a) **R:** as massas da subestação estão ligadas simultaneamente ao aterramento do neutro da instalação e às massas da instalação.

b) **N:** as massas da subestação estão ligadas diretamente ao aterramento do neutro da instalação, mas não estão ligadas às massas da instalação.

c) **S:** as massas da subestação estão ligadas a um aterramento eletricamente separado daqueles do neutro e das massas da instalação.

**Nota**

Massa é a parte condutora que pode ser tocada. Normalmente não é viva, porém pode se tornar em condições de falta, por exemplo: invólucro metálico dos equipamentos, estruturas metálicas, entre outros.

## 13.4.1 Esquema TNR

Conforme o item 4.2.3.1 da NBR 14039:2003, o esquema TNR possui um ponto da alimentação diretamente aterrado. As massas da instalação e da subestação são ligadas a esse ponto por meio de condutores de proteção (PE) ou condutor de proteção com função combinada de neutro (PEN). Nesse esquema, toda corrente de falta direta fase-massa é uma corrente de curto-circuito.

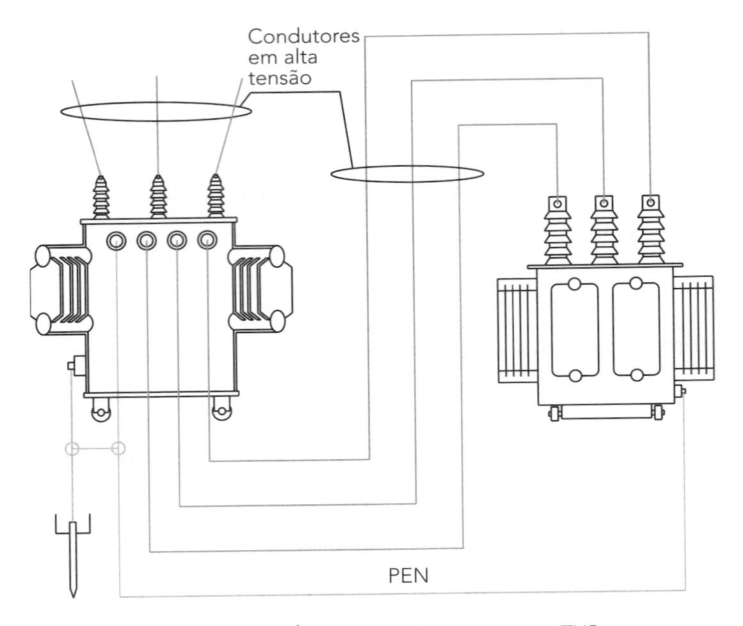


**Figura 13.6** | Esquema de aterramento TNR.

## 13.4.2 Esquemas TTN e TTS

De acordo com a NBR 14039:2003, os esquemas TTx possuem um ponto de alimentação diretamente aterrado. Suas massas de instalação devem estar ligadas a eletrodos de aterramento eletricamente distintos do eletrodo de aterramento da subestação.

Nesse esquema, as correntes de falta direta fase-massa devem ser inferiores a uma corrente de curto-circuito, sendo, porém, suficientes para provocar o surgimento de tensões de contato perigosas.

Existem dois tipos de esquemas (TTN e TTS), que variam de acordo com a disposição do condutor neutro e do condutor de proteção das massas da subestação. Veja a seguir:

a) **Esquema TTN:** o condutor neutro e o condutor de proteção das massas da subestação são ligados a um único eletrodo de aterramento.

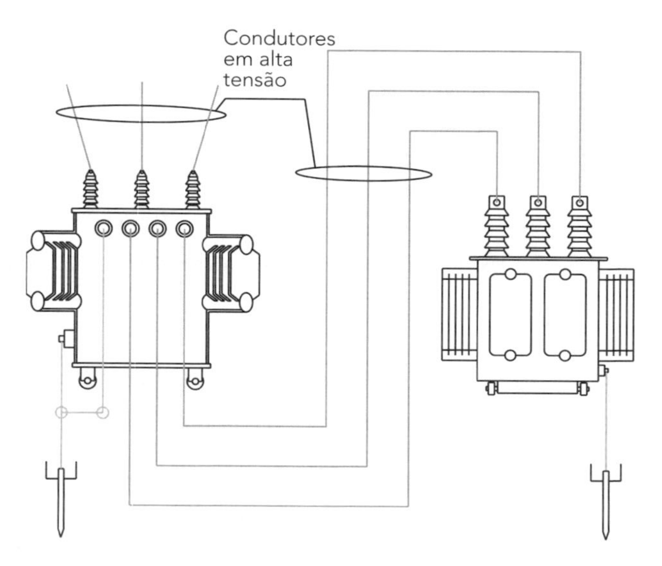


**Figura 13.7** | Esquema de aterramento TTN.

b) **Esquema TTS:** o condutor neutro e o condutor de proteção das massas da subestação são ligados a eletrodos de aterramento distintos.

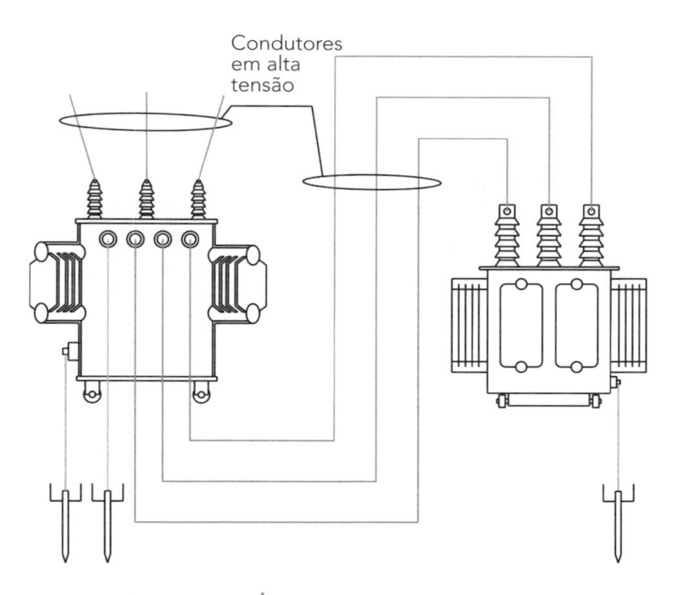


**Figura 13.8** | Esquema de aterramento TTS.

## 13.4.3 Esquemas ITN, ITS e ITR

Conforme a NBR 14039:2003, os esquemas ITx:

a) não possuem nenhum ponto de alimentação diretamente aterrado; ou

b) possuem um ponto da alimentação aterrado por meio de uma impedância. As massas da instalação estão ligadas a seus próprios eletrodos de aterramento.

Nos esquemas ITx, a corrente resultante de uma única falta fase-massa não deve ter intensidade suficiente para provocar o surgimento de tensões de contato perigosas.

Existem três tipos de esquemas (ITN, ITS e ITR), que variam de acordo com a disposição do condutor neutro e dos condutores de proteção das massas da instalação e da subestação. Veja a seguir:

a) **Esquema ITN:** o condutor neutro e o condutor de proteção das massas da subestação são ligados a um único eletrodo de aterramento. As massas da instalação estão ligadas a um eletrodo distinto.

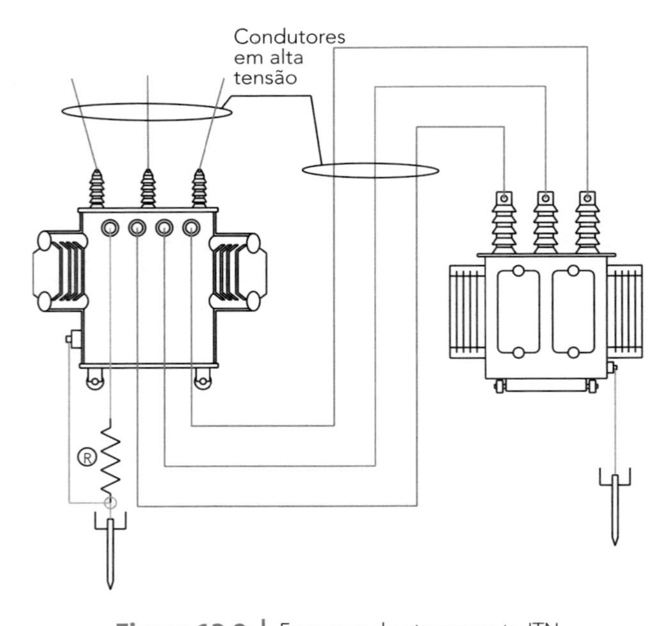


**Figura 13.9** | Esquema de aterramento ITN.

b) **Esquema ITS:** o condutor neutro, os condutores de proteção das massas da subestação e da instalação são ligados a eletrodos de aterramento distintos.

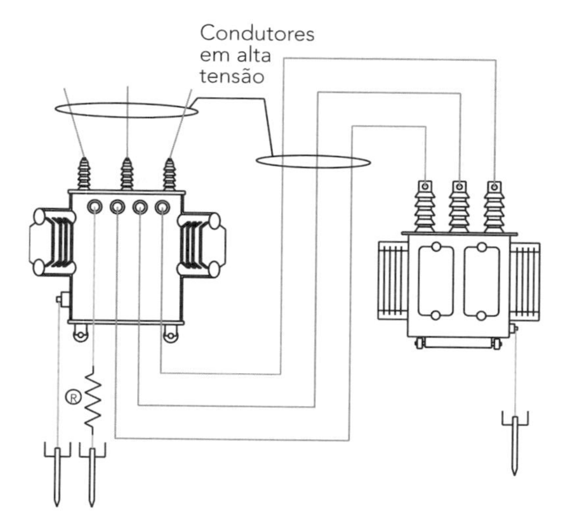


**Figura 13.10** | Esquema de aterramento ITS.

c) **Esquema ITR:** o condutor neutro, os condutores de proteção das massas da subestação e da instalação são ligados a um único eletrodo de terramento.

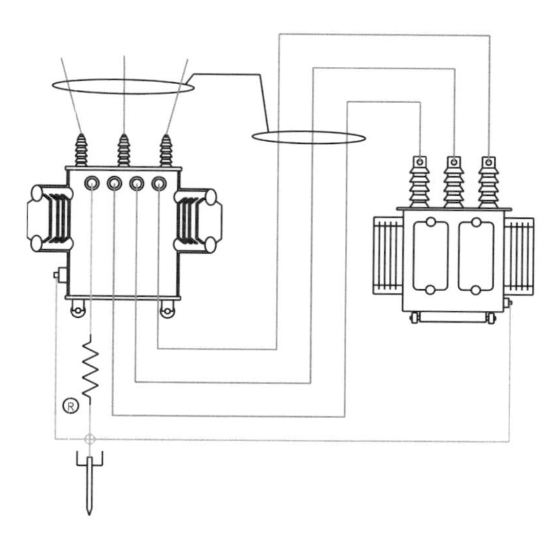


**Figura 13.11** | Esquema de aterramento ITR.

Durante as tempestades acompanhadas de descargas atmosféricas, as instalações de alta tensão, principalmente quando constituídas ou alimentadas por redes aéreas, podem ser submetidas a sobretensões de origem atmosférica.

Para evitar danos e efeitos causados por esse tipo de sobretensão, são utilizados para-raios de resistência não linear, ligados entre cada uma das fases e a terra. Vale lembrar que o equipamento destinado à proteção contra sobretensão nas instalações elétricas de alta tensão, na terminologia oficial brasileira, tem a mesma designação do para-raios que fazem parte do SPDA instalado nas edificações.

## 13.5 Equipotencialização

Definido o esquema de aterramento a ser adotado, o projeto da instalação deve prever a existência do Barramento de Equipotencialização Principal (BEP).

O BEP deve ser localizado o mais próximo possível do ponto de entrada de energia, seja no centro de entrada e medição ou no quadro geral de distribuição. Dessa forma, todos os componentes metálicos não destinados à condução de corrente elétrica devem estar interligados ao BEP (Figura 13.12).

O projeto pode ainda prever barramentos suplementares, denominados Barramento de Equipotencialização Local (BEL), para facilitar a implantação do aterramento na instalação elétrica, que, por sua vez, deve estar interligado ao BEP.

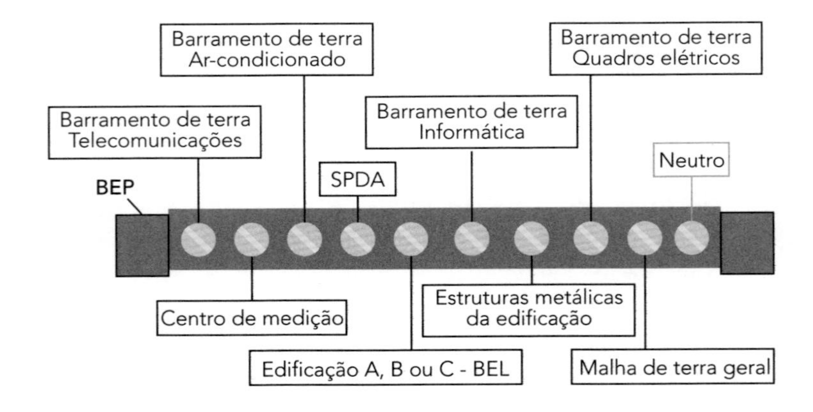


**Figura 13.12** | Barramento de Equipotencialização Principal (BEP).

De acordo com a NBR 5410:2004, em cada edificação deve ser realizada uma equipotencialização principal, reunindo os seguintes elementos:

a) armaduras de concreto e outras estruturas metálicas da edificação;

b) blindagens, armações, coberturas e capas metálicas de cabo de linhas de energia e sinal, que entram e/ou saem da edificação;

c) condutores de proteção de linhas de energia e de sinal que entram e/ou saem da edificação;

d) condutores metálicos de linhas de energia e de sinal que entram e/ou saem da edificação;

e) condutor neutro da alimentação elétrica, salvo se não existir ou se a edificação tiver de ser alimentada, por qualquer motivo, em esquema TT ou IT;

f) condutores de interligação provenientes de outros eletrodos de aterramento porventura existentes ou previstos no entorno da edificação;

g) condutores de proteção principal da instalação elétrica (interna) da edificação;

h) tubulações de água, gás, esgoto, ar-condicionado, vapor, bem como os elementos estruturais a elas associados.

# Mitos e Verdades

# 14

## 14.1 Introdução

Nas áreas rurais, é mais comum que a população acredite em crendices sobre descargas atmosféricas. Nessas regiões, os efeitos diretos e indiretos são mais facilmente percebidos, pois há ausência de proteção proporcionada por edificações vizinhas (não há prédios) e, consequentemente, maior exposição de pessoas, animais e estruturas. Tal situação, aliada à desinformação da população rural, resulta em histórias e mitos.

Nesses locais rurais, é comum encontrar pessoas que acreditam que os raios são atraídos por espelhos, talheres metálicos, tesouras, árvores, cercas metálicas, silos metálicos, entre outros.

Nos casos de espelhos, as pessoas afirmam que eles atraem raios e, por isso, durante as tempestades, devem ficar cobertos com um pano.

Outras pessoas defendem que raios não atingem um mesmo local duas vezes, fato que já foi desmitificado com acidentes ocorridos pela incidência de múltiplas descargas atmosféricas no mesmo local durante a mesma tempestade. Nos locais descampados, onde o índice isoceráunico é elevado, é comum encontrar árvores atingidas por mais de uma descarga atmosférica.

**Figura 14.1** | Árvore atingida por descarga atmosférica.

Geralmente, os raios caem mais de uma vez em um mesmo local quando há grande incidência de raios naquele espaço. É possível mencionar, por exemplo, o monumento do Cristo Redentor, no Rio de Janeiro, que é atingido anualmente por uma média de cinco raios; a Torre Eiffel, na França, que serve como um captor natural para as descargas atmosféricas; e o edifício Empire State Building, localizado na cidade de Nova York.

**Figura 14.2** | Descargas atmosféricas em torno da Torre Eiffel.

Tal fato é explicado pela proximidade de árvores, torres, pontes metálicas e silos, por exemplo, com as nuvens, tornando-as mais susceptíveis de serem atingidas. A redução do dielétrico do ar e a terra aumentam a probabilidade estatística de as altas estruturas serem atingidas por uma descarga atmosférica.

As tensões de passo entre $V_1$ e $V_2$, como ilustrado na Figura 14.3, podem causar mal-estar em bípedes e até a morte de quadrúpedes. Em áreas rurais, é comum um raio matar dezenas de cabeças de gado em razão da diferença de potencial que pode ocorrer entre as patas dianteiras e traseiras.

**Figura 14.3** | Tensão de passo.

## Se estiver dentro de uma casa, estarei protegido das descargas atmosféricas?

Entrar no interior de um imóvel não é suficiente para garantir a proteção contra descargas atmosféricas. Embora uma casa seja um bom abrigo, devemos evitar qualquer contato com o seu exterior, com os cabos de antena da TV e eletricidade, telefones com fios ou conectados a carregadores de bateria, equipamentos elétricos, encanamentos, portas de metal, janelas, entre outros, durante a tempestade. Não devemos ficar junto à janela para observar os raios. Permanecer em uma sala interna é, geralmente, mais seguro.

Durante as tempestades acompanhadas de descargas atmosféricas, deve-se evitar estar no ponto mais alto de áreas descampadas. Caso não exista abrigo, a exemplo de cavernas ou edificações, devemos evitar permanecer sob árvores e arbustos. Recomenda-se ficar agachado, de cócoras, até que as descargas atmosféricas parem.

Também deve ser evitada a permanência em piscinas e praia (beira-mar) durante a ocorrência de descargas atmosféricas. Tanto faz estar na areia, sob um guarda-sol ou no mar. Recomenda-se procurar abrigo seguro.

Outra medida preventiva recomendável durante a ocorrência de descargas atmosféricas é ficar abrigado no interior de automóveis.

## 14.2 Dúvidas Mais Comuns e Perguntas Frequentes

### Como saber se o raio "caiu" perto?

A luminosidade produzida pela incidência dos raios chega ao nosso campo de visão quase instantaneamente, tendo em vista a velocidade da luz (299.792.458 m/s). Já o deslocamento do ar produzido pela descarga atmosférica, que gera o efeito conhecido como trovão, é percebido posteriormente, tendo em vista a velocidade do som, que ao nível do mar corresponde a 340 m/s. Para obter a distância aproximada da queda do raio em quilômetros, basta contar o tempo (em segundos) entre o momento que se vê o raio e se escuta o trovão e dividir por três.

### A que distância é possível ouvir o trovão?

Depende muito da região em que se encontra o observador. O trovão dificilmente pode ser ouvido se o raio ocorrer a uma distância superior a 20 km.

### O que são raios?

Raios são descargas elétricas de grande intensidade, que conectam as nuvens de tempestade na atmosfera ao solo. Normalmente, percorrem distâncias da ordem de 5 km no ar e, quando atingem redes elétricas e/ou cercas metálicas, são conduzidos a distâncias muito maiores até que sejam direcionados à terra.

### Um raio pode atingir diretamente uma pessoa?

Se a pessoa estiver em uma área descampada durante uma tempestade forte, a probabilidade é de um para mil. Em locais com edificações e pontos de captação de descarga com altura superior à altura de uma pessoa, a chance de ser atingida diretamente por um raio é muito baixa, em torno de um para um milhão.

### O que pode acontecer se uma pessoa for atingida por um raio?

A maioria dos óbitos decorrentes de descargas atmosféricas resulta da parada cardiorrespiratória. A circulação da corrente elétrica do raio no corpo humano pode causar queimaduras e danos a diversas partes do organismo. Algumas vítimas sobreviventes sofrem com sérias sequelas orgânicas e psicológicas por um longo período.

## Qual é a diferença entre relâmpagos e raios?

Os raios são descargas que se conectam ao solo. Já os relâmpagos são todas as descargas elétricas geradas por nuvens de tempestades, independentemente de se conectarem ou não ao solo.

## As atmosferas nas cidades influenciam a ocorrência de raios?

Pesquisas recentes indicam o aumento de incidência de raios em áreas urbanas. Essa maior incidência de raios está relacionada com a poluição nos centros urbanos e com o aumento de temperatura (fenômeno conhecido como "ilha de calor").

## O que é trovão?

Trovão é o som produzido pelo rápido aquecimento e expansão do ar na região da atmosfera em que a corrente elétrica do raio circula.

## Estabilizador protege os aparelhos contra raios?

A função do estabilizador de energia é exclusivamente proteger os aparelhos elétricos da variação da tensão elétrica da rede. Para proteger os aparelhos dos raios, é necessário utilizar Dispositivos de Proteção contra Surtos Elétricos (DPS).

## Estou protegido contra descargas atmosféricas se não estiver chovendo ou se não houver cobertura de nuvens?

As descargas atmosféricas normalmente atingem distâncias superiores a 5 km da tempestade, bem distantes da chuva ou mesmo da nuvem de tempestade. Embora pouco frequente, podem atingir distâncias entre 15 e 20 km da tempestade. Descargas geradas pela bigorna do cúmulo-nimbo (topo da nuvem de tempestade) podem atingir o solo até cerca de 80 km de distância da tempestade em condições extremas.

## Se você tocar em uma vítima de incidência de descarga atmosférica, será eletrocutado?

É perfeitamente seguro tocar em uma vítima de descarga atmosférica para aplicar os primeiros socorros, pois o corpo humano não armazena eletricidade.

# Estudo de Caso 15

A seguir, é apresentado um estudo de caso que considera a proteção contra descargas atmosféricas para um bloco de apartamentos. Esse exemplo prático de aplicação é um complemento ao assunto abordado neste livro. Contudo, os autores não se responsabilizam pelos resultados obtidos na aplicação do exemplo para uma edificação semelhante existente sem a avaliação e a análise de um profissional legalmente habilitado.

## 15.1 Premissas Adotadas

Trata-se de um bloco de apartamentos localizado em terreno plano, longe da existência de estruturas adjacentes, onde residem 200 pessoas. Será considerado o risco $R_1$ para perda de vida humana, levando em consideração os componentes de risco $R_A$, $R_B$, $R_U$ e $R_V$, e comparado com risco tolerável $R_T = 10^{-5}$. As perdas econômicas (L4) não foram consideradas, dispensando, assim, esse tipo de avaliação.

As características do edifício, das linhas de sinal e energia, dos sistemas internos são apresentadas nas Tabelas 15.1 a 15.3, respectivamente.

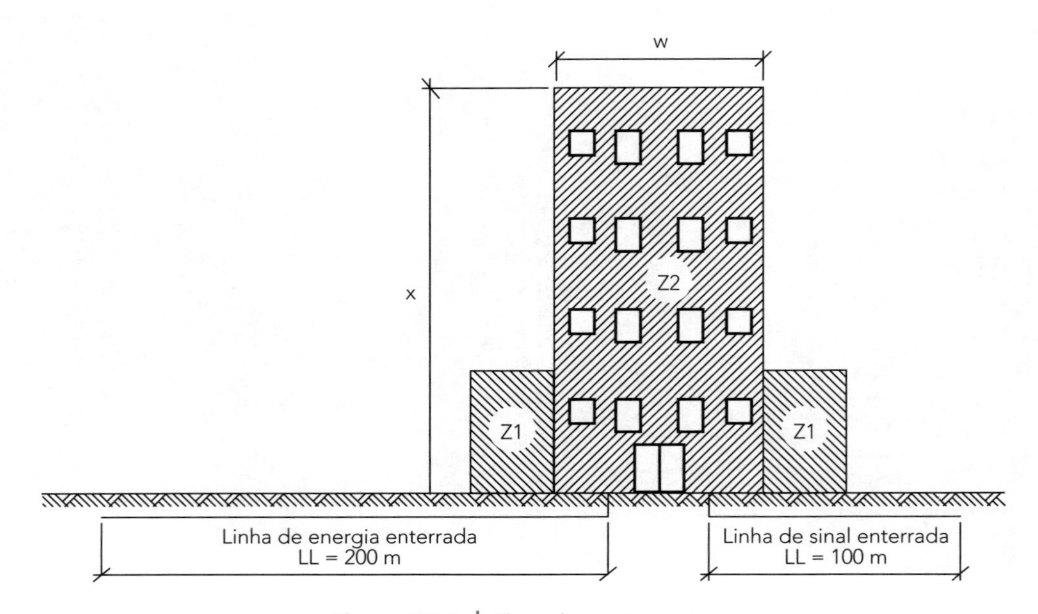


**Figura 15.1** | Bloco de apartamentos.

Fonte: adaptado da norma NBR 5419.

**Tabela 15.1** | Características ambientais e globais da estrutura

| Parâmetros | Símbolo | Valor | Comentário | Referência[1] |
|---|---|---|---|---|
| Densidade de descargas atmosféricas para a terra ($1/km^2/ano$) | $N_G$ | 4,0 | | |
| Dimensões da estrutura (m) | L, W | 30, 20 | H = 20 m | |
| Fator de localização da estrutura | $C_D$ | 1 | Estrutura isolada | Tabela 4.1 |
| SPDA | $P_B$ | - | Variável (ver Tabela 15.5) | Tabela 4.6 |
| Ligação equipotencial | $P_{EB}$ | 1 | Nenhuma | Tabela 4.11 |
| Blindagem espacial externa | $K_{S1}$ | 1 | Nenhuma | $K_{S1} = 0,12 \times w_{m1}$ |

Fonte: adaptado da norma NBR 5419.

**Tabela 15.2** | Linhas de energia

| Parâmetros | Símbolo | Valor | Comentário | Referência |
|---|---|---|---|---|
| Comprimento (m) | $L_L$ | 250 | | |
| Fator de instalação | $C_I$ | 0,5 | Enterrada | Tabela 4.3 |
| Fator tipo de linha | $C_T$ | 1 | Linha de baixa tensão | Tabela 4.2 |
| Fator ambiental | $C_E$ | 0,5 | Suburbano | Tabela 4.4 |
| Blindagem da linha (Ω/km) | $R_S$ | - | Não blindada | Tabela 4.12 |
| Blindagem, aterramento, isolação | $C_{LD}$ | 1 | Nenhuma | Tabela 4.8 |
| | $C_{LI}$ | 1 | Nenhuma | |
| Estrutura adjacente | $L_J$, $W_J$, $H_J$ | - | | |
| Fator de localização da estrutura adjacente | $C_{DJ}$ | - | Nenhuma | |
| Tensão suportável dos sistemas internos (kV) | $U_W$ | 2,5 | | |
| | $K_{S4}$ | 0,4 | Parâmetros resultantes | $K_{S4} = 1/U_W$ |
| | $P_{LD}$ | 1 | | Tabela 4.12 |
| | $P_{LI}$ | 0,3 | | Tabela 4.13 |

Fonte: adaptado da norma NBR 5419.

1 Refere-se às tabelas apresentadas nos Capítulos 4 e 5 desta obra.

**Tabela 15.3** | Linhas de sinal

| Parâmetros | Símbolo | Valor | Comentário | Referência |
|---|---|---|---|---|
| Comprimento (m) | $L_L$ | 130 | | |
| Fator de instalação | $C_I$ | 0,5 | Enterrada | Tabela 4.3 |
| Fator tipo de linha | $C_T$ | 1 | Linha de sinal | Tabela 4.2 |
| Fator ambiental | $C_E$ | 0,5 | Suburbano | Tabela 4.4 |
| Blindagem da linha (Ω/km) | $R_S$ | - | Não blindada | Tabela 4.12 |
| Blindagem, aterramento, isolação | $C_{LD}$ | 1 | Nenhuma | Tabela 4.8 |
| | $C_{LI}$ | 1 | | |
| Estrutura adjacente | $L_J$, $W_J$, $H_J$ | - | Nenhuma | |
| Fator de localização da estrutura adjacente | $C_{DJ}$ | - | Nenhuma | |
| Tensão suportável dos sistemas internos (kV) | $U_W$ | 1,5 | | |
| | $K_{S4}$ | 0,67 | Parâmetros resultantes | $K_{S4} = 1/U_W$ |
| | $P_{LD}$ | 1 | | Tabela 4.12 |
| | $P_{LI}$ | 0,5 | | Tabela 4.13 |

Fonte: adaptado da norma NBR 5419.

**Tabela 15.4** | Fatores válidos para zona $Z_2$ (interior da edificação)

| Parâmetros | | Símbolo | Valor | Comentário | Referência |
|---|---|---|---|---|---|
| Tipo de piso | | $r_t$ | $10^{-5}$ | Madeira | Tabela 5.3 |
| Proteção contra choque (descarga atmosférica na estrutura) | | $P_{TA}$ | 1 | Nenhuma | Tabela 4.5 |
| Proteção contra choque (descarga atmosférica na linha) | | $P_{TU}$ | 1 | Nenhuma | Tabela 4.10 |
| Risco de incêndio | | $r_f$ | - | Variável (ver Tabela 5.3) | Tabela 5.5 |
| Proteção contra incêndio | | $r_p$ | - | Variável (ver Tabela 5.3) | Tabela 5.4 |
| Blindagem espacial interna | | $K_{S2}$ | 1 | Nenhuma | $K_{S2} = 0{,}12 \times W_{m2}$ |
| Energia | Fiação interna | $K_{S3}$ | 0,2 | Não blindada (condutores de laço no mesmo eletroduto) | Tabela 4.9 |
| | DPS coordenados | $P_{SPD}$ | 1 | Nenhum | Tabela 4.7 |

**Tabela 15.4** | Fatores válidos para zona $Z_2$ (interior da edificação)

| Parâmetros | | Símbolo | Valor | Comentário | Referência |
|---|---|---|---|---|---|
| Telecom | Fiação interna | $K_{S3}$ | 1 | Não blindada (laços grandes > 10 m²) | Tabela 4.9 |
| | DPS coordenados | $P_{SPD}$ | 1 | Nenhum | Tabela 4.7 |
| L1: perda de vida humana | | $h_z$ | 1 | Perigo especial: nenhum | Tabela 5.6 |
| $L_T$ | | 0,01 | D1: devido à tensão de toque e de passo | Tabela 5.2 | |
| $L_F$ | | 0,1 | D2: devido a danos físicos | | |
| Fator para pessoas na zona | | - | 1 | $n_z$ / $n_T$×$t_z$ / 8.760 = 200 / 200 × 8.760 / 8.760 | |

Fonte: adaptado da norma NBR 5419.

**Tabela 15.5** | Risco R1 para um bloco de apartamentos em função das medidas de proteção

| Altura H (m) | Risco de incêndio | | SPDA | | Proteção contra incêndio | | Risco R1 Valores × $10^{-5}$ | Estrutura protegida $R_1 \leq R_T$ |
|---|---|---|---|---|---|---|---|---|
| | Tipo | $r_f$ | Classe | PB | Tipo | $r_p$ | | |
| 20 | Baixo | 0,001 | Nenhum | 1 | Nenhuma | 1 | 0,837 | Sim |
| | Normal | 0,01 | Nenhum | 1 | Nenhuma | 1 | 8,364 | Não |
| | | | III | 0,1 | Nenhuma | 1 | 0,776 | Sim |
| | | | IV | 0,2 | Manual | 0,5 | 0,747 | Sim |
| | Alto | 0,1 | Nenhum | 1 | Nenhuma | 1 | 83,64 | Não |
| | | | II | 0,05 | Automático | 0,2 | 0,764 | Sim |
| | | | I | 0,02 | Nenhuma | 1 | 1,553 | Não |
| | | | I | 0,02 | Manual | 0,5 | 0,776 | Sim |

Fonte: adaptado da norma NBR 5419.

É possível observar que, ao realizar mudanças na classe do SDPA e as respectivas medidas de proteção associadas, ocorrem alterações no resultado da análise de risco.

Dessa forma, considerar o risco de incêndio baixo, normal ou alto, além de valores diferentes de fator de redução $r_p$ associada a providências adotadas, conforme a Tabela 15.5, é suficiente para mudar a condição de proteção de uma estrutura.

Vale destacar que a mudança dos valores associados à probabilidade das medidas de proteção para reduzir danos físicos (PB), conforme a Tabela 4.6 (vide Capítulo 4), também altera o resultado da análise de risco.

**Tabela 15.6** | Fator de redução $r_p$ devido a providências adotadas com o objetivo de diminuir as consequências de um incêndio

| Providência adotada | $r_p$ |
|---|---|
| Nenhuma | 1 |
| Adoção de uma das seguintes providências: extintores, hidrantes, rotas de escape, criação de compartimentos a prova de fogo, instalação de alarmes manuais | 0,5 |
| Adoção de uma das seguintes providências: instalação de alarmes automáticos, existência de instalações operadas automaticamente[1] | 0,2 |

[1] Válido somente se o tempo de chegada dos bombeiros for inferior a 10 minutos.

Em resumo, a Tabela 15.5 apresentou as medidas de proteção selecionadas para reduzir os valores de risco ($R_1$) ao nível tolerável $R_T = 10^{-5}$, as quais dependem das seguintes variáveis:

a) fator de redução $r_f$ para o risco de incêndio;

b) probabilidade $P_B$ de a descarga atmosférica em uma estrutura resultar em danos físicos;

c) fator de redução $r_p$ reduzindo as consequências de incêndio;

d) a altura da edificação em análise.

APÊNDICE

A

# Ensaio de Continuidade Elétrica das Armaduras

De acordo com a norma NBR 5149, o uso de armaduras de concreto como parte integrante do SPDA natural deve ser estimulado. São nítidas as vantagens do uso de ferragem estrutural para descidas em construções novas e em edificações já existentes, desde que sejam observadas e seguidas as recomendações descritas na referida norma.

Para garantir a continuidade elétrica das armaduras utilizadas como descidas e, dessa forma, comprovar a eficácia de Sistemas de Proteção contra Descargas Atmosféricas (SPDA) estruturais, é fundamental que sejam realizados ensaios de medição.

A estrutura de aço do concreto armado é considerada eletricamente contínua quando metade das conexões entre barras horizontais e verticais estão firmemente conectadas.

As conexões entre barras verticais devem ser soldadas ou unidas com arame recozido, cintas ou grampos, cujo trespasse resulte da sobreposição mínima de 20 vezes o seu diâmetro.

A medição deve ser realizada com aparelho que forneça corrente elétrica contínua ou alternada entre 1 e 10 A, entre os pontos extremos da armadura, com frequência diferente de 60 Hz e seus múltiplos. Vale destacar que a corrente utilizada deve ser suficiente para garantir precisão no resultado do ensaio sem danificar as armaduras.

O sistema de medição deve utilizar a configuração de quatro fios, em que dois são destinados à corrente e dois são destinados ao potencial, afastando assim o erro provocado pela resistência dos cabos utilizados no ensaio e respectivos contatos.

Podem ser usados miliohmímetros ou microhmímetros de quatro terminais observando as escalas de corrente mencionadas.

A quantidade de pilares utilizados no SPDA deve ser calculada de maneira análoga aos projetos dos sistemas convencionais. É recomendável que o número de interligações entre o subsistema de captação e os pilares seja, no mínimo, igual ao dobro do número de descidas calculadas, sempre que a quantidade de pilares permitir.

## A.1 Ensaio de Continuidade Elétrica em Estrutura de Concreto Armado de um Edifício em Construção

As condições previstas são aquelas descritas para o uso de armaduras de concreto. O registro deve ser feito por meio de documento técnico oficial que contenha fotos e identificação dos locais. Nesse caso, a primeira verificação é dispensável.

## A.2 Ensaio de Continuidade Elétrica em Estrutura de Concreto Armado de um Edifício Construído

Quando o edifício estiver construído e não houver evidências de que as condições previstas para o uso das armaduras de concreto foram atendidas, a primeira verificação deve ser realizada.

Nesse caso, devem ser identificados os pilares sob ensaio. Em seguida, é indicado que se remova o recobrimento do concreto, visando expor a ferragem estrutural. Esse processo deve ser feito na parte mais alta (próximo à cobertura) e na parte mais baixa (próximo à fundação), utilizando ferramental adequado. A exposição deve garantir a fixação dos conectores do equipamento de medição. A conexão de terminais e cabos deve ser precedida de limpeza para garantir o melhor contato elétrico possível.

A Figura A.1 mostra o esquema de medição descrito anteriormente.

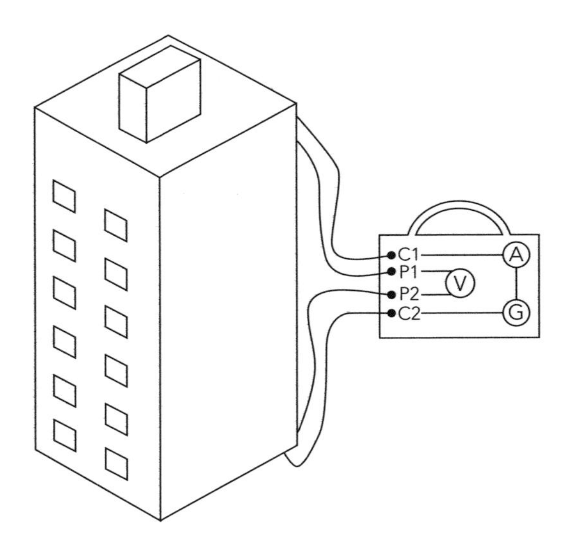


**Figura A.1** | Método de medição de continuidade elétrica.

Fonte: adaptado da norma NBR 5419.

Os ensaios de continuidade das armaduras devem ser realizados com dois objetivos:

a) para verificação de continuidade elétrica de pilares e trechos de armaduras na fundação (primeira verificação);

b) após a instalação do sistema, para verificar a continuidade de todo o sistema envolvido (verificação final).

## A.3 Procedimento para a Primeira Verificação

O objetivo da primeira verificação é determinar a possibilidade de utilizar a ferragem estrutural das armaduras de concreto armado como parte integrante do SPDA. Além disso, serve também para identificar quais pilares podem ser utilizados no projeto.

Todos os pilares integrantes do sistema de captação devem ser individualmente verificados. Em edificações extensas, com perímetros superiores a 200 m, o número de medições pode ser reduzido caso a medição da metade dos pilares utilizados resulte em valores com a mesma ordem de grandeza, isto é, nunca superior a 1 Ω.

Com o objetivo de verificar a interligação entre pilares, devem ser realizadas medições cruzadas, ou seja, a parte superior de um pilar contra a parte inferior de outro pilar.

Para a verificação da continuidade de baldrames e trechos da fundação, devem ser realizadas medições específicas nas partes inferiores da edificação.

## A.4 Procedimento para o Ensaio Final

Nas estruturas que utilizam ferragem de aço de concreto armado, incluindo estruturas pré-fabricadas, a continuidade elétrica da armadura deve ser determinada por meio de ensaios específicos. A resistência elétrica total obtida no ensaio final não pode exceder 0,2 Ω. Essa medição deve ser feita com equipamento adequado.

Quando esse valor não é alcançado ou quando o ensaio não puder ser realizado, não é possível validar a armadura de aço como condutor natural de corrente elétrica proveniente de descarga atmosférica. Nesse caso, recomenda-se a instalação de sistema de proteção convencional.

APÊNDICE

B

# Aplicações da NR-10 e NR-28 no SPDA

Este apêndice, da norma NR-28, apresenta os aspectos de fiscalização, embargo, interdição e penalidades aplicados à NR-10 com relação ao SPDA. Também são apresentados os itens relacionados à NR-10, facilitando a compreensão.

NR-28 – FISCALIZAÇÃO E PENALIDADES

**28.1 FISCALIZAÇÃO**

**28.1.1** A fiscalização do cumprimento das disposições legais e/ou regulamentares sobre segurança e saúde do trabalhador será efetuada obedecendo ao disposto nos Decretos nº 55.841, de 15/03/65, e nº 97.995, de 26/07/89, no Título VII da CLT e no § 3º do art. 6º da Lei nº 7.855, de 24/10/89 e nesta Norma Regulamentadora.

**28.1.2** Aos processos resultantes da ação fiscalizadora é facultado anexar quaisquer documentos, quer de pormenorização de fatos circunstanciais, quer comprobatórios, podendo, no exercício das funções de inspeção do trabalho, o agente de inspeção do trabalho usar de todos os meios, inclusive audiovisuais, necessários à comprovação da infração.

**28.1.3** O agente da inspeção do trabalho deverá lavrar o respectivo auto de infração à vista de descumprimento dos preceitos legais e/ou regulamentares contidos nas Normas Regulamentadoras urbanas e rurais, considerando o critério da dupla visita, elencados no Decreto nº 55.841, de 15/03/65, no Título VII da CLT e no § 3º do art. 6º da Lei nº 7.855, de 24/10/89.

**28.1.4** O agente da inspeção do trabalho, com base em critérios técnicos, poderá notificar os empregadores concedendo prazos para a correção das irregularidades encontradas.

**28.1.4.1** O prazo para cumprimento dos itens notificados deverá ser limitado a, no máximo, 60 (sessenta) dias.

**28.1.4.2** A autoridade regional competente, diante de solicitação escrita do notificado, acompanhada de exposição de motivos relevantes, apresentada no prazo de 10 dias do recebimento da notificação, poderá prorrogar por 120 (cento e vinte) dias, contados da data do Termo de Notificação, o prazo para seu cumprimento.

**28.1.4.3** A concessão de prazos superiores a 120 (cento e vinte) dias fica condicionada à prévia negociação entre o notificado e o sindicato representante da categoria dos empregados, com a presença da autoridade regional competente.

**28.1.4.4** A empresa poderá recorrer ou solicitar prorrogação de prazo de cada item notificado até no máximo 10 (dez) dias a contar da data de emissão da notificação.

**28.1.5** Poderão ainda os agentes da inspeção do trabalho lavrar auto de infração pelo descumprimento dos preceitos legais e/ou regulamentares sobre segurança e saúde do trabalhador, à vista de laudo técnico emitido por engenheiro de segurança do trabalho ou médico do trabalho, devidamente habilitado.

## 28.2 EMBARGO OU INTERDIÇÃO

**28.2.1** Quando o agente da inspeção do trabalho constatar situação de grave e iminente risco à saúde e/ou integridade física do trabalhador, com base em critérios técnicos, deverá propor de imediato à autoridade regional competente a interdição do estabelecimento, setor de serviço, máquina ou equipamento, ou o embargo parcial ou total da obra, determinando as medidas que deverão ser adotadas para a correção das situações de riscos.

**28.2.2** A autoridade regional competente, à vista de novo laudo técnico do agente da inspeção do trabalho, procederá à suspensão ou não da interdição ou embargo.

**28.2.3** A autoridade regional competente, à vista de relatório circunstanciado, elaborado por agente da inspeção do trabalho que comprove o descumprimento reiterado das disposições legais e/ou regulamentares sobre segurança e saúde do trabalhador, poderá convocar representante legal da empresa para apurar o motivo da irregularidade e propor solução para corrigir as situações que estejam em desacordo com exigências legais.

**28.2.3.1** Entende-se por descumprimento reiterado a lavratura do auto de infração por 3 (três) vezes no tocante ao descumprimento do mesmo item de norma regulamentadora ou a negligência do empregador em cumprir as disposições legais e/ou regulamentares sobre segurança e saúde do trabalhador, violando-as reiteradamente, deixando de atender às advertências, intimações ou sanções e sob reiterada ação fiscal por parte dos agentes da inspeção do trabalho.

## 28.3 PENALIDADES

**28.3.1** As infrações aos preceitos legais e/ou regulamentadores sobre segurança e saúde do trabalhador terão as penalidades aplicadas conforme o disposto no quadro de gradação de multas (Anexo I), obedecendo às infrações previstas no quadro de classificação das infrações (Anexo II) desta Norma.

**28.3.1.1** Em caso de reincidência, embaraço ou resistência à fiscalização, emprego de artifício ou simulação com o objetivo de fraudar a lei, a multa será aplicada na forma do art. 201, parágrafo único, da CLT, conforme os seguintes valores estabelecidos:

| Valor da multa (em UFIR*) | |
|---|---|
| Segurança do Trabalho | Medicina do Trabalho |
| 6.304 | 3.782 |

* UFIR = Unidade de Referência Fiscal.

# APÊNDICE C

## Atestado de conformidade das instalações elétricas

Classificação (uso) da edificação: Idade do imóvel:

Endereço:

Bairro: Cidade: CEP:

Pessoa de contato: Fone: ( )

O responsável pelo fornecimento deste atestado deve preencher todo os campos da tabela a seguir.

"C" = CONFORME / "NA" = NÃO APLICÁVEL

| Item da IT 41 | Requisito para inspeção visual | C | NA |
|---|---|---|---|
| 6.1 | Condições de instalação dos condutores isolados, cabos unipolares e cabos multipolares. | | |
| 6.2 | Os circuitos elétricos devem possuir proteção contra sobrecorrentes (disjuntores ou fusíveis). | | |
| 6.3 | As partes vivas estão isoladas e/ou protegidas por barreiras ou invólucros. | | |
| 6.4 | Todo circuito deve dispor de condutor de proteção "fio terra" e todas as massas da instalação estão ligadas a condutores de proteção (salvo exceções). | | |
| 6.5 | Todas as tomadas de corrente fixas devem ser do tipo com polo de aterramento (2P + T ou 3P + T). | | |
| 6.6 | Existência de dispositivo diferencial residual (DR) para proteção contra choque elétricos (salvo exceções do item 6.6). | | |
| 6.7 | Quando houver possibilidade de os componentes da instalação elétrica representarem perigo de incêndio para os materiais adjacentes, deverá haver proteção. | | |
| 6.8 | Os quadros de distribuição devem ser instalados em locais de fácil acesso. | | |
| | Os quadros de distribuição devem ser providos de identificação e sinalização do lado externo, de forma legível e não facilmente removível. | | |
| | Os componentes dos quadros devem ser identificados de tal forma que a correspondência entre componentes e respectivos circuitos possa ser prontamente reconhecida, de forma legível e não facilmente removível. | | |
| 6.9 | Sistema de proteção contra descargas atmosféricas (SPDA). | | |
| 7.1.2 | Os quadros, os circuitos e as linhas dos sistemas de segurança contra incêndio devem ser independentes dos circuitos comuns. | | |
| 7.1.3 a 7.1.5 | As fontes de energia, os quadros, os circuitos e as linhas elétricas que alimentam equipamentos de segurança destinados ao combate e supressão de incêndio, à ventilação, à pressurização e ao controle de fumaça devem estar devidamente protegidos com material resistente ao fogo ou enclausurados em ambientes resistentes ao fogo. | | |
| 7.1.6 | Sala do motogerador e circuitos elétricos de segurança por ele alimentados estão em conformidade com o item 7.1.6. | | |
| 7.1.9 | Circuitos de corrente alternada estão separados dos circuitos de corrente contínua. | | |
| 8.1 e 8.3 | ART específica do sistema elétrico (projeto, execução, inspeção, manutenção – conforme o caso) | | |
| Obs. | | | |

**Avaliação geral das instalações elétricas:**

Atesto, nesta data, que o sistema elétrico da edificação (incluindo o SPDA) foi inspecionado e verificado conforme as prescrições da NBR 5410 (capítulo "Verificação final"), da NBR 5419 e NBR 10898 (tensão máxima no circuito) e encontra-se em conformidade, estando o proprietário e/ou responsável pelo uso ciente das responsabilidades constantes do item 2 da IT 41.

Data da inspeção:

____________________ ____________________

Engenheiro responsável: Nome:

Título profissional: Proprietário ou responsável pelo uso:

CREA Nº:

**(Obrigatório anexar ART que inclua emissão deste atestado)**

# Resolução CNEN nº 04/89

ANEXO

A

# PRESIDÊNCIA DA REPÚBLICA COMISSÃO NACIONAL DE ENERGIA NUCLEAR

## Resolução n° 04, de 19 de abril de 1989

A Comissão Nacional de Energia Nuclear (CNEN), usando das atribuições que lhe confere o artigo 1º, inciso I, da Lei nº 6.189, de 16 de dezembro de 1974, o artigo 141 do Decreto nº 51.726, de 19 de fevereiro de 1963, e o artigo 21, incisos I e V do Decreto nº 75.569, de 07 de abril de 1975, por decisão de sua Comissão Deliberativa, na 53ª Sessão, realizada em 19 de abril de 1989,

Considerando que o comércio de substâncias radioativas constitui monopólio da União, instituído pela Lei nº 4.118, de 27 de agosto de 1962, artigo 1º, inciso II, *in fine*;

Considerando que esse monopólio é exercido pela CNEN na qualidade órgão superior de orientação, planejamento, supervisão e fiscalização;

Considerando que compete à CNEN baixar normas gerais sobre substâncias radioativas;

Considerando que à CNEN cabe, ainda, registrar as pessoas que utilizem substâncias radioativas, bem como receber e depositar rejeitos radioativos;

Considerando a proliferação do uso de substâncias radioativas em para-raios;

Considerando que não está tecnicamente comprovada a maior eficácia de pára raios radioativos em relação aos convencionais e que, portanto, o "princípio da justificação" previsto na Norma CNEN-NE-3.01 – "Diretrizes Básicas de Radioproteção" não está demonstrado;

Considerando a necessidade de dar destino adequado ao material radioativo dos pára-raios radioativos desativados,

Resolve:

1) Suspender, a partir da vigência desta Resolução, a concessão de autorização para utilização de material radioativo em para-raios.
2) O material radioativo remanescente dos para-raios desativados deve ser imediatamente recolhido à CNEN.
3) Esta Resolução entra em vigor na data de sua publicação.

(publicada no Diário Oficial da União de 19.05.89)

CNEN – Comissão Nacional de Energia Nuclear

CDTN – Centro de Desenvolvimento da Tecnologia Nuclear

## ANEXO I

## Esclarecimentos relativos à Resolução CNEN 04/89 de 19/04/89 – Publicado no D.O.U. em 19/05/89

A maior eficácia de para-raios radioativos em relação aos convencionais não está tecnicamente comprovada, contrariando assim o princípio da justificação, qual seja: "Qualquer atividade envolvendo radiação ou exposição deve ser justificada em relação a outras alternativas e produzir um benefício líquido positivo para a sociedade";

1) Para-raios radioativos em bom estado de conservação podem permanecer instalados, sob o ponto de vista de radioproteção, até que venham a ser substituídos por dispositivos convencionais;

2) Os para-raios radioativos instados não oferecem risco de radiação externa para pessoas, uma vez que contém pequenas quantidades de material radioativo afixado aos mesmos;

3) No caso de desativação de tais dispositivos e com o objetivo de evitar a dispersão de radioisótopos no meio ambiente, os mesmos devem ser entregues à CNEN.

## ANEXO II

## Procedimento para manuseio e acondicionamento de para-raios radioativos

1) Utilizar, conforme apropriado, uma ou mais embalagens metálicas robustas com capacidade mínima de 38 litros e com sistema de fechamento que garanta a vedação da embalagem durante todo o transporte.

2) Ter disponíveis luvas, saco plástico, fita adesiva, um rótulo com os dizeres "Material Radioativo", material absorvedor de choque (isopor fragmentado, por exemplo).

3) Colocar, uniformemente, uma camada de material absorvedor de choque no fundo da embalagem.

4) Colocar o saco plástico no interior da embalagem.

5) Abrir o saco plástico e utilizar a parte superior do mesmo (em excesso) para revestir as bordas da embalagem.
6) Calçar as luvas.
7) Colocar a haste do para-raios no interior da embalagem.
8) Retirar as luvas do seguinte modo:
    8.1) Descalçar parcialmente os dedos de ambas as mãos;
    8.2) Retirar uma luva e colocá-la no interior do saco plástico;
    8.3) Introduzir dois dedos da mão descalçada entre a luva e a pele da mão calçada;
    8.4) Deslocar com os dedos a luva, até que haja condições de removê-la totalmente. (Nunca colocar a mão sem luva em contato com a parte externa de uma luva que manipulou material radioativo);
    8.5) Segurar a luva pela parte interna e colocá-la no interior do saco plástico.
9) Retirar a parte superior do saco colocada sobre as bordas da embalagem e fechar o mesmo utilizando a fita para amarrá-lo.
10) Manter o dispositivo, contido no saco, no centro da embalagem e preencher os espaços vazios com o material absorvedor de choque (o material absorvedor de choque deverá também ser distribuído no espaço entre a tampa da embalagem e a parte superior do saco fechado).
11) Afixar o rótulo com os dizeres "Material Radioativo" no interior do embalado em local visível quando da abertura do mesmo.
12) Fechar o embalado.

## ANEXO III

## Transporte de Embalado Contendo Para-raios Radioativos

Os documentos que acompanham o transporte de embalado contendo para-raios radioativos são:

1) Certificado de Aprovação Especial para Embalado e Transporte de Para-raios contendo Am-241;
    - Declaração de Expedidor do Material Radioativo;

- Ficha de Emergência;
- Envelope de Transporte.

2) Completar o preenchimento dos documentos de transporte em anexo com os dados pertinentes à instituição.

3) O embalado selecionado para o transporte de para-raios radioativos é o excepti-vo, não requerendo sinalização externa específica e pode ser realizado por qual-quer meio de transporte (exceto correios).

# ANEXO B

| Número de empregados | Graduação de Multa em (*BTN) | | | | | | | |
|---|---|---|---|---|---|---|---|---|
| | Segurança do Trabalho | | | | Medicina do Trabalho | | | |
| | I1 | I2 | I3 | I4 | I1 | I2 | I3 | I4 |
| 1 a 10 | 630-729 | 1129-1393 | 1691-2091 | 2252-2792 | 378-482 | 676-839 | 1015-1254 | 1350-1680 |
| 11 a 25 | 730-830 | 1394-1664 | 2092-2495 | 2793-3334 | 429-498 | 840-1002 | 1255-1500 | 1681-1998 |
| 26 a 50 | 831-963 | 1665-1935 | 2496-2898 | 3335-3876 | 499-580 | 1003-1166 | 1501-1746 | 1999-2320 |
| 51 a 100 | 964-1104 | 1936-2200 | 2899-3302 | 3877-4418 | 581-662 | 1176-1324 | 1747-1986 | 2321-2648 |
| 101 a 250 | 1105-1241 | 2201-2471 | 3303-3717 | 4419-4948 | 663-744 | 1325-1482 | 1987-2225 | 2649-2976 |
| 251 a 500 | 1242-1374 | 2472-2748 | 3719-4121 | 4949-5490 | 745-826 | 1483-1646 | 2226-2471 | 2977-3297 |
| 501 a 1000 | 1375-1507 | 2749-3020 | 4122-4525 | 5491-6033 | 827-906 | 1647-1810 | 2472-2717 | 3298-3618 |
| Mais de 1000 | 1508-1646 | 3021-3284 | 4526-4929 | 6034-6304 | 907-900 | 1811-1973 | 2718-2957 | 3619-3782 |

*(BTN) Bônus do Tesouro Nacional.

# ANEXO C

| Item/Subitem | Código | Infração |
|---|---|---|
| 10.2.3 | 210.003-7 | 3 |
| 10.2.4 | 210.045-5 | 4 |
| 10.2.4 "b" | 210.006-1 | 2 |
| 10.2.4 "f" | 210.125-4 | 2 |
| 10.3.4 | 210.135-1 | 3 |
| 10.3.8 | 210.003-9 | 2 |
| 10.3.9 "a" | 210.139-4 | 2 |
| 10.4.4 | 210.046-0 | 3 |
| 10.9.1 | 21091-6 | 3 |
| 10.9.2 | 210.161-0 | 3 |
| 10.9.3 | 210.162-9 | 3 |
| 10.9.4 | 210.094-0 | 3 |
| 10.14.5 | 210.169-6 | 1 |

[...]

**10.2.3** As empresas estão obrigadas a manter esquemas unifilares atualizados das instalações elétricas dos seus estabelecimentos com as especificações do sistema de aterramento e demais equipamentos e dispositivos de proteção.

**10.2.4** Os estabelecimentos com carga instalada superior a 75 kW devem constituir e manter o Prontuário de Instalações Elétricas, contendo, além do disposto no subitem 10.2.3, no mínimo:

[...]

b) documentação das inspeções e medições do sistema de proteção contra descargas atmosféricas e aterramentos elétricos;

[...]

f) certificações dos equipamentos e materiais elétricos em áreas classificadas.

**10.3.4** O projeto deve definir a configuração do esquema de aterramento, a obrigatoriedade ou não da interligação entre o condutor neutro e o de proteção e a conexão à terra das partes condutoras não destinadas à condução da eletricidade.

[...]

**10.3.8** O projeto elétrico deve atender ao que dispõem as Normas Regulamentadoras de Saúde e Segurança no Trabalho, as regulamentações técnicas oficiais estabelecidas, e ser assinado por profissional legalmente habilitado.

**10.3.9** O memorial descritivo do projeto deve conter, no mínimo, os seguintes itens de segurança:

a) especificação das características relativas à proteção contra choques elétricos, queimaduras e outros riscos adicionais;

[...]

**10.4.4** As instalações elétricas devem ser mantidas em condições seguras de funcionamento e seus sistemas de proteção devem ser inspecionados e controlados periodicamente, de acordo com as regulamentações existentes e definições de projetos.

[...]

**10.9.1** As áreas onde houver instalações ou equipamentos elétricos devem ser dotadas de proteção contra incêndio e explosão, conforme dispõe a NR-23 - Proteção contra Incêndios.

**10.9.2** Os materiais, peças, dispositivos, equipamentos e sistemas destinados à aplicação em instalações elétricas de ambientes com atmosferas potencialmente explosivas devem ser avaliados quanto à sua conformidade, no âmbito do Sistema Brasileiro de Certificação.

**10.9.3** Os processos ou equipamentos susceptíveis de gerar ou acumular eletricidade estática devem dispor de proteção específica e dispositiva de descarga elétrica.

**10.9.4** Nas instalações elétricas de áreas classificadas ou sujeitas a risco acentuado de incêndio ou explosões, devem ser adotados dispositivos de proteção, como alarme e seccionamento automático para prevenir sobretensões, sobrecorrentes, falhas de isolamento, aquecimentos ou outras condições anormais de operação.

[...]

**10.14.5** A documentação prevista nesta NR deve estar, permanentemente, à disposição das autoridades competentes.

# Bibliografia

ASSOCIAÇÃO BRASILEIRA DE NORMAS TÉCNICAS (ABNT). **NBR 14039**: Instalações Elétricas de Média Tensão de 1,0kV a 36,2kV. Rio de Janeiro, 2005.

_______. **NBR 15749**: Medição de resistência de aterramento e de potenciais na superfície do solo em sistemas de aterramento. Rio de Janeiro, 2009.

_______. **NBR 5410**: Instalações Elétricas de Baixa Tensão. Rio de Janeiro, 2004.

_______. **NBR 5419**: Proteção de Estruturas contra Descargas Atmosféricas. Rio de Janeiro, 2015.

_______. **NBR 5419-1**: Proteção Contra Descargas Atmosféricas. Parte 1: Princípios Gerais. Rio de Janeiro, 2015.

_______. **NBR 5419-2**: Proteção Contra Descargas Atmosféricas. Parte 2: Gerenciamento de Risco. Rio de Janeiro, 2015.

_______. **NBR 5419-3**: Proteção Contra Descargas Atmosféricas. Parte 3: Danos Físicos a Estruturas e Perigos à Vida. Rio de Janeiro, 2015.

_______. **NBR 5419-4**: Proteção Contra Descargas Atmosféricas. Parte 4: Sistemas Elétricos e Eletrônicos Internos na Estrutura. Rio de Janeiro, 2015.

_______. **NBR 7117**: Medição da Resistividade e Determinação da Estratificação do Solo. Rio de Janeiro, 2012.

BARROS, B. F.; GEDRA, R. L. **Cabine primária**: subestações de alta tensão de consumidor. 4. ed. São Paulo: Érica, 2011.

COMPANHIA ENERGÉTICA DE GOIÁS (CELG). **Norma Técnica NTC-60**: critérios para projetos e procedimentos para execuções de aterramentos de redes aéreas e subestações de distribuição, 2008.

DELFINO, F. *et al*. An algorithm for the exact evaluation of the underground lightning electromagnetic fields. **IEEE Transactions Electromagnetic Compatibility**, v. 49, n. 2, p. 401-411, 2007.

GOMES, D. S. F. *et al*. **Aterramento e proteção contra sobretensões em sistemas aéreos de distribuição**. Niterói: EDUFF, 1990.

IANOZ, M. Review of new developments in the modeling of lightning electromagnetic effects on overhead lines and buried cables. **IEEE Transactions on Electromagnetic Compatibility**, v. 49, n. 2, p. 224-236, 2007.

KINDERMANN, G. **Descargas Atmosféricas**. Porto Alegre: Sagra, 1992.

KINDERMANN, G.; CAMPAGNOLO J. M. **Aterramento elétrico**. 4. ed. Porto Alegre: Sagra/ D.C. Luzzatto, 1998.

LEITE, D. M.; LEITE, C. M. **Proteção contra Descargas atmosféricas**: edificações, baixas tensões e linhas de dados. São Paulo: Officina de Mydia, 2001

MAMEDE, J. M. F. **Instalações elétricas industriais**. Rio de Janeiro: LTC, 2007.

MOURA, C. S. **Física para o Ensino Médio**: gravitação, eletromagnetismo e física moderna. Porto Alegre: ediPUCRS, 2011.

OMIDIORA, M.; LEHTONEN, M. Simulation performance of lightning discharges around medium voltage underground cables. In: UNIVERSITIES POWER ENGINEERING CONFERENCE (UPEC). 2009. **Proceedings of the 44th International**, 2009, p. 1-5.

PIANTINI, A.; JANISZEWSKI, J. M. **Seminário Nacional de Produção de Energia Elétrica (SNPTEE)**: avaliação do número de interrupções em linhas de média tensão devido a descargas atmosféricas indiretas. Curitiba, 2005.

SÃO PAULO (ESTADO). SECRETARIA DE SEGURANÇA PÚBLICA (SSP-SP). **Instrução Técnica 41/2011**: inspeção visual em instalações elétricas de baixa tensão. São Paulo: Corpo de Bombeiros, 2011.

SHIGA, A. A.; PIANTINI, A.; PEGOLLO, C. A. G. Considerações sobre os custos decorrentes de descargas atmosféricas em sistemas de distribuição de energia. **Seminário Nacional de Distribuição de Energia Elétrica (Sendi)**. Belo Horizonte, 2006.

SILVA, A. P. **Melhoria de desempenho de linhas de transmissão frente a descargas atmosféricas**: desenvolvimento de sistema de informações e análise de casos. Belo Horizonte: UFMG, 2007.

SOUZA, A. N. **Redes neurais artificiais aplicadas a estudos de subestações de alta tensão frente a ensaio de impulso atmosférico**. São Paulo. 144 p. Tese de Doutorado, Escola Politécnica, Universidade de São Paulo, 1999.

SUETA, H. E. Desenvolvimento de uma planilha para análise de risco. **O Setor Elétrico**, ed. 116, p. 2015-2017, 2015. Disponível em: <http://www.osetoreletrico.com.br/desenvolvimento-de-uma-planilha-para-analise-de-risco/>. Acesso em: 21 out. 2019.

SUETA, H. E. O gerenciamento de risco segundo a Parte 2 da ABNT NBR 5419. **O Setor Elétrico**, ed. 109, 2015. Disponível em: <http://www.osetoreletrico.com.br/o-gerenciamento-de-risco-segundo-a-parte-2-da-abnt-nbr-5419/>. Acesso em: 21 out. 2019.

UMAN, M. A. **The lightning discharge**. Nova York: Academic Press, 1987.

VISACRO F. S. **Aterramentos elétricos**: conceitos básicos, técnicas de medição e instrumentação, filosofias de aterramento. São Paulo: Artliber, 2002.

XAVIER, M. Mistérios da cidade – tempestades fora de época. **Revista Veja**, 2012, p. 20.

# Créditos das imagens

**Capa e aberturas de capítulos**
bluebeat76/Getty Images

**Capítulo 1**

Figura 1.1 – GeorgiosArt/Getty Images
Figura 1.2 – Acervo pessoal
Figura 1.3 – Acervo pessoal
Figura 1.4 – Acervo pessoal
Figura 1.5 – Acervo pessoal
Figura 1.6 – mdesigner125/Getty Images
Gráfico 1.1 – Acervo pessoal

**Capítulo 3**

Mapa 3.1 - Júlio M. França

**Capítulo 6**

Figura 6.1 – Acervo pessoal
Figura 6.2 – Acervo pessoal
Figura 6.3 – Acervo pessoal
Figura 6.4 – Acervo pessoal
Figura 6.5 – Acervo pessoal
Gráfico 6.1 – Acervo pessoal
Gráfico 6.2 – Acervo pessoal

**Capítulo 9**

Figura 9.1 – Acervo pessoal
Figura 9.2 – Acervo pessoal
Figura 9.3 – Acervo pessoal

**Capítulo 11**

Figura 11.1 – Acervo pessoal
Figura 11.2 – Acervo pessoal
Figura 11.3 – Acervo pessoal
Figura 11.4a – Acervo pessoal
Figura 11.4b – Jorge Villalba/Getty Images
Figura 11.5 – Acervo pessoal
Gráfico 11.1 – Acervo pessoal
Gráfico 11.2 – Acervo pessoal
Gráfico 11.3 – Acervo pessoal

**Capítulo 12**

Figura 12.1a – MartinLisner/Getty Images
Figura 12.1b – RapidEye/Getty Images
Figura 12.2a – henryn0580/Getty Images
Figura 12.2b – Mehaniq/Getty Images
Figura 12.3 – fonseca_nuno/Getty Images
Figura 12.4 – Acervo pessoal

**Capítulo 13**

Figura 13.1 – Acervo pessoal
Figura 13.2 – Acervo pessoal
Figura 13.3 – Acervo pessoal
Figura 13.4 – Acervo pessoal
Figura 13.5 – Acervo pessoal
Figura 13.6 – Acervo pessoal
Figura 13.7 – Acervo pessoal
Figura 13.8 – Acervo pessoal
Figura 13.9 – Acervo pessoal
Figura 13.10 – Acervo pessoal
Figura 13.11 – Acervo pessoal
Figura 13.12 – Acervo pessoal

**Capítulo 14**

Figura 14.1 – tioloco/Getty Images
Figura 14.2 – AlxeyPnferov/Getty Images
Figura 14.3 – Acervo pessoal

**Capítulo 15**

Figura 15.1 – Acervo pessoal

**Apêndice A**

Figura A.1 – Acervo pessoal